高职高专项目式实践类系列教材

3D 打印技术项目实践

主　编　魏良庆

副主编　彭秋霖　王　维

参　编　卢　顺

主　审　王　新

西安电子科技大学出版社

内 容 简 介

本书根据高职高专教育的特点，立足培养学生“实践与应用能力”的原则，力求在实训项目、内容和方法上有所创新。全书共 5 个实训项目：FDM 打印机的基本操作、轴类零件打印及模型后处理、箱体类零件打印及模型后处理、标准件打印及模型后处理和三维扫描与逆向设计，基本涵盖了 3D 打印技术的基本知识与技能训练。在项目讲解过程中，援引了大量鲜明实用的案例进行分析，紧密结合实际。

本书可作为高等职业院校、高等专科院校、成人教育高校、五年一贯制高职机械、汽车、模具、工业设计等专业学习 3D 打印技术课程的教材或参考书，也可作为社会从业人员的技术参考书或培训用书。

图书在版编目(CIP)数据

3D 打印技术项目实践 / 魏良庆主编. —西安：西安电子科技大学出版社，2020.8(2024.2 重印)

ISBN 978-7-5606-5812-4

Ⅰ. ①3… Ⅱ. ①魏… Ⅲ. ①立体印刷—印刷术—高等职业教育—教材 Ⅳ. ①TS853

中国版本图书馆 CIP 数据核字(2020)第 136711 号

责任编辑 万晶晶 黄薇谚
出版发行 西安电子科技大学出版社(西安市太白南路 2 号)
电 话 (029)88202421 88201467 邮 编 710071
网 址 www.xduph.com 电子邮箱 xdupfxb001@163.com
经 销 新华书店
印刷单位 咸阳华盛印务有限责任公司
版 次 2020 年 8 月第 1 版 2024 年 2 月第 3 次印刷
开 本 787 毫米×1092 毫米 1/16 印张 11.25
字 数 259 千字
定 价 29.00 元
ISBN 978-7-5606-5812-4 / TS
XDUP 6114001-3

序

“高职高专项目式实践类系列教材”是在贯彻落实《国家职业教育改革实施方案》(简称“职教20条”)文件精神，推动职业教育大改革、大发展的背景下，结合职业教育“以能力为本位”的指导思想，以服务建设现代化经济体系为目标而组织编写的。在新经济、新业态、新模式、新产业迅猛发展的高要求下，本系列教材以现代学徒制教学为导向，以“1+X”证书结合为抓手，对接企业、行业岗位要求，围绕“素质为先、能力为本”的培养目标构建教材内容体系，实现“以知识体系为中心”到“以能力达标为中心”的转变，开展人才培养的实践教学。

本系列教材编审委员会于2019年6月在重庆召开了教材编写工作会议，确定了此系列教材的名称、大纲体例、主编及参编人员(含企业、行业专家)等主要事项，决定由重庆科创职业学院为组织方，聘请高职院校的资深教授和企业、行业专家组成教材编写组及审核组，确定每本教材的主编及主审，有序推进教材的编写及审核工作，确保教材质量。

本系列教材坚持理论知识够用，技能实战相结合，内容上突出实训教学的特点，采用项目制编写，并注重教学情境设计、教学考核与评价，强化训练目标，具有原创性。经过组织方、编审组、出版方的共同努力，希望本套“高职高专项目式实践类系列教材”能为培养高素质、高技能、高水平的技术应用型人才发挥更大的推动作用。

高职高专项目式实践类系列教材编审委员会

2019年10月

高职高专项目式实践类系列教材

编审委员会

前　言

本书是在贯彻落实《国家职业教育改革实施方案》(简称“职教20条”)文件精神，推动职业教育大改革、大发展的背景下，结合职业教育“以能力为本”的指导思想而编写的。本书以生产生活的典型案例为载体，将教学、训练、职业资格考试理论与技能知识考点有机地结合起来。

本书的编写特色如下：

1. 面向专业需求，紧贴教学标准

为适应高职高专机械、模具、工业设计等专业教学的需要，本书对3D打印技术概论、3D打印材料与工艺、3D打印造型技术、3D打印机操作与维护等教学内容做了合理取舍，精心安排实训项目。

2. 理论与实践相结合，彰显职教特色

在内容编排上，本书贯彻“理实一体化”的教学思想，将“技能训练”贯穿于整个教学过程，通过技能训练培养学生的能力。尤其是三维扫描、模型打印及后处理的引入，使枯燥的理论学习变得形象生动。

3. 以职业活动为核心，确定实训内容

实训内容与职业活动紧密关联，以“3D打印造型师”国家职业标准考纲要求为基础，围绕职业活动中典型工作任务的技能和知识点，设置实训项目和内容，体现技能训练的针对性，突出学生专业技能和综合素质的培养，促进学生可持续发展。同时，每个训练任务都给出了明确详细的考评标准，并将工作习惯、协作精神等职业素养纳入考核范围。

本书由重庆科创职业学院魏良庆担任主编，彭秋霖、王维担任副主编，重庆杰品科技股份有限公司卢顺参编，重庆科创职业学院王新担任主审。本书具体编写分工为：魏良庆编写实训项目二、实训项目三，并负责全书的统稿工作；卢顺（企业高级工程师)参与编写实训项目四，彭秋霖编写实训项目五，王维编写实训项目一、实训项目四。

本书参考学时如下：

课程内容	学时
实训项目一　FDM打印机的基本操作	6
实训项目二　轴类零件打印及模型后处理	4
实训项目三　箱体类零件打印及模型后处理	6
实训项目四　标准件打印及模型后处理	8
实训项目五　三维扫描与逆向设计	8
总　计	32

由于编者水平有限，书中难免存在不足之处，恳请兄弟院校师生及广大读者批评指正，以便进一步修订和完善。

编　者

2019年10月

目　录

实训项目一　FDM 打印机的基本操作

项目分析

自第三次工业革命以来，传统制造技术越来越满足不了人们天马行空的想象力，也越来越跟不上智能制造的发展趋势，由此 3D 打印技术顺应而生，被广泛应用于各个领域。那么 3D 打印技术如何将三维模型转化为实物产品，成型产品时打印机的软件、硬件等如何操作，如何判断和维护打印机故障，这些都是必须解决的问题。本项目以熔融沉积快速成型(Fused Deposition Modeling，FDM)工艺为例，通过打印机的基本操作、维护等环节的练习，帮助读者全面掌握 FDM 打印机的基本操作方法，熟悉 3D 打印产品的流程。

本项目需要完成以下任务：

(1) FDM 打印机的安装与调试。

(2) 3D 打印软件的应用。

(3) FDM 打印机常见的故障维护与保养。

知识目标

(1) 了解熔融沉积快速成型(FDM)技术的原理及特点。

(2) 了解 FDM 打印参数的基本含义及对成型质量的影响。

能力目标

(1) 掌握 FDM 打印机的操作方法。

(2) 掌握 FDM 工艺打印产品的基本流程。

(3) 掌握常见打印机故障的排除、维护方法。

任务一　FDM 打印机的安装与调试

任务目标

相比工业级 3D 打印机，桌面级打印设备最大的优势是成本低、操作简单，且能满足基本精度要求，因此有利于学生根据自己的设计理念，完成从产品设计到创意实物化的过程。其中，熔融沉积快速成型(FDM)技术是教育领域应用最广泛的 3D 打印技术之一。本任务要求学生熟悉并掌握 FDM 打印机的安装与调试方法。

知识链接

熔融沉积快速成型(FDM)是继光固化快速成型和叠层实体快速成型工艺后的另一种快速成型工艺，是将热熔型丝状材料加热熔化、逐层成型、叠加累积，最终得到三维实体的一种快速成型工艺。本书所述打印实例均采用 FDM 打印成型。

技能训练　**便携式 FDM 打印机的操作**

一、实训目的

(1) 掌握 FDM 打印机的调平方法。
(2) 掌握 FDM 打印机进料、退料方法。

二、实训器材

实训器材要求如表 1-1 所示。

表 1-1　FDM 打印机的安装与调试实训器材表

实训器材	数　量
计算机	1 台
便携式 FDM 打印机	1 台
PLA 线材	若干

三、注意事项

(1) 实验平台要求整洁，注意用电安全。
(2) 使用打印机时，严格按规范操作。

四、实训操作

(一) FDM 打印机初始化

首先打开打印机右侧电源开关，将开关拨至如图 1-1(a)所示位置，然后长按打印机内部控制面板中的“OK”键，当显示“Welcome”字样时，打印机完成启动，如图 1-1(b)所示。随即打印机发出蜂鸣声，初始化即开始。打印喷头和打印平台将再次返回到打印机的初始位置。当打印机就绪后，将再次发出蜂鸣声。

(a) 打印机电源开关

(b) 启动打印机程序示意图

图 1-1　打印机初始化

(二) 3D 打印平台的安装与调平

1. 安装

3D 打印平台采用磁力吸附，只需将 3 个突出对应点下方的凹槽放下即可，如图 1-2 所示。

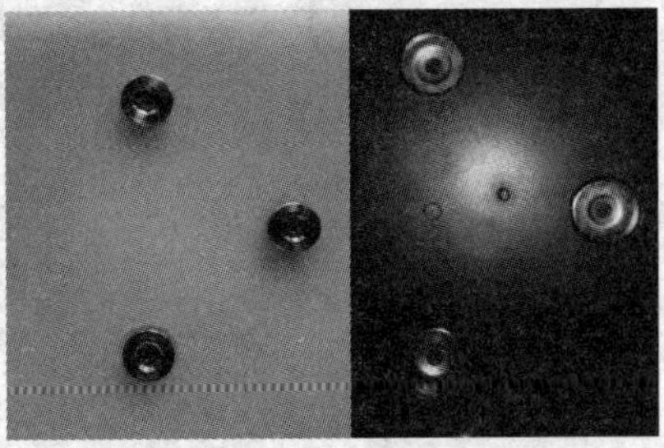

图 1-2　打印平台的安装

2. 调平

操作前，先确定打印平台的固定方式以及平台与喷嘴间距的调整方式。本项目通过 3 颗螺丝和 3 个压簧固定打印平台，如图 1-3 所示。

图 1-3　打印平台的固定

拧紧螺丝(顺时针)，平台下降；拧松螺丝(逆时针)，平台上升，如图 1-4 所示。

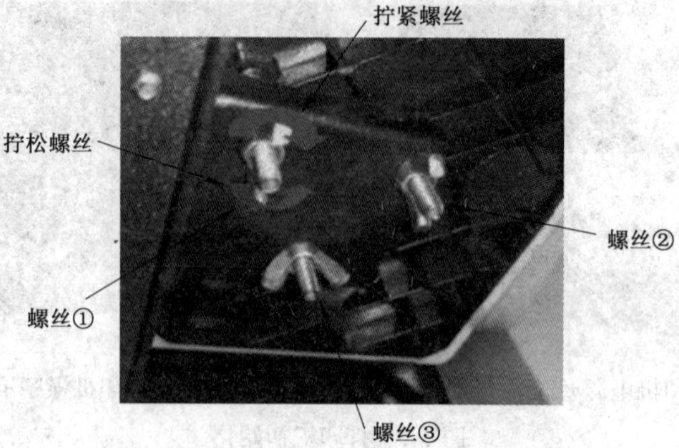

图 1-4　打印平台与喷嘴间距的调整方式

3D 打印平台调平的具体步骤如下：

(1) 点击“工具”—“设备管理”菜单，在打开的“设备管理”对话框中，设置“喷嘴温度”为“0”，并将喷嘴清理干净，以免影响调平判断，如图 1-5 所示。

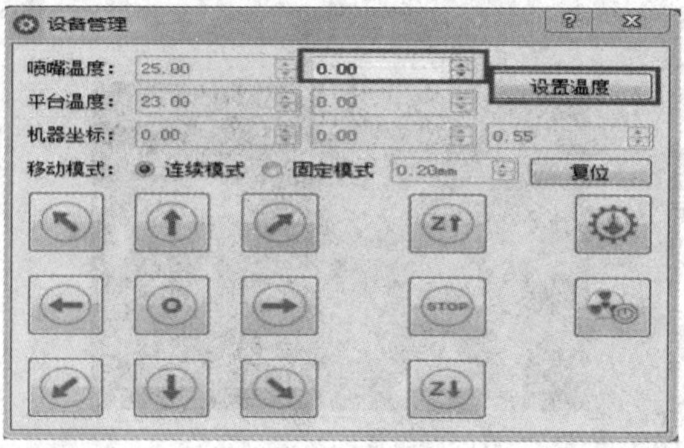

图 1-5　喷嘴温度设置方法

(2) 点击“设备管理”对话框中的“ ”按钮，将平台移动到螺丝“①”对应的平台角(“左下角”)；点击“设备管理”对话框中的“ ”按钮，使平台上升到最高高度。如果平台与喷嘴过于接近，则在设备控制面板上进行微调；如果平台与喷嘴过远，则可以先不调，待平台调平后再设置 Z 轴高度，如图 1-6 所示。

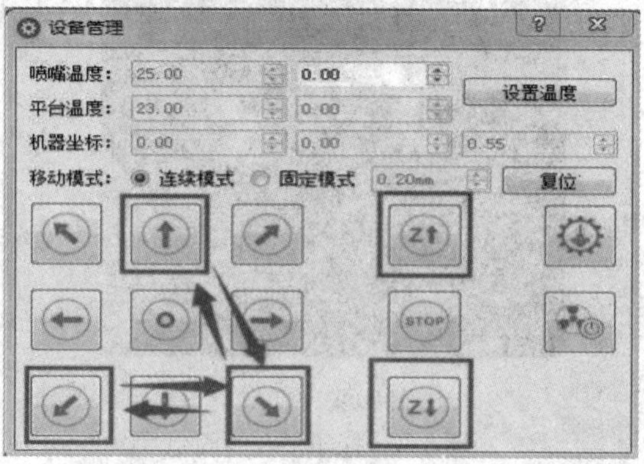

图 1-6　平台位置设置方法

(3) 设置Z轴高度。首先，点击状态与设置区的“ ”按钮，打开“设置”对话框后点击“设备管理”按钮，如图1-7(a)所示；其次，点击“设备校准”按钮，再点击图1-7(b)中的“复位”按钮，最后长按“ ”按钮，将喷嘴移动到平台中心；最后，调节Z轴的高度，将平台移到离喷嘴最近的位置，可以将“移动模式”变换为“固定模式”，在编辑框中输入移动距离后进行微调，如图1-7(c)所示。最终将平台移动到离喷嘴“0.2 mm”后，按“设置温度”按钮，即可完成。

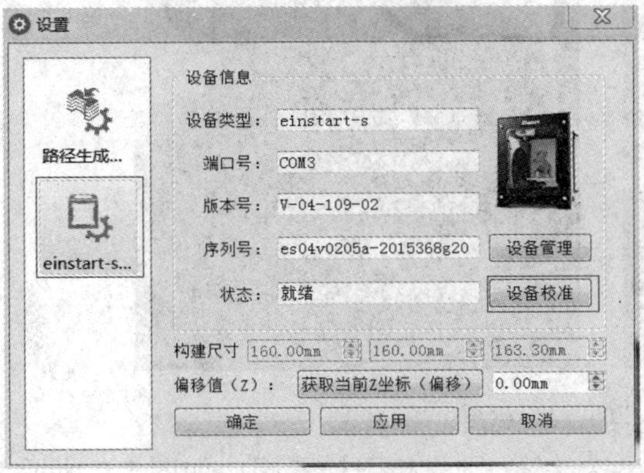

(a) 设备校准面板框

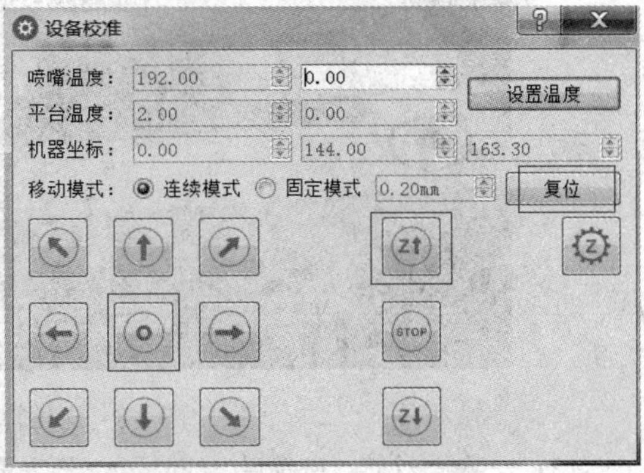

(b) 喷嘴位置调整

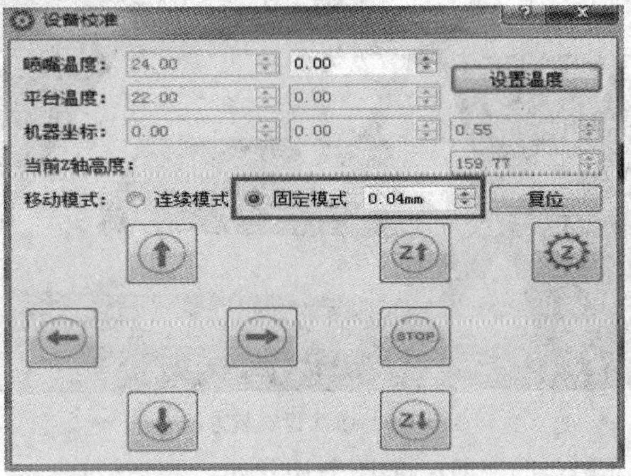

(c) Z轴高度调节

图1-7　Z轴高度设置方法

(4) 点击“设备管理”对话框中的“ ”按钮，将平台移动到螺丝“②”对应的平台角。对比刚才“ ”的高度(喷嘴与平台的高度)，调整螺丝“②”，使其与刚刚“ ”的高度相等。重复调整“ ”和“ ”按钮，直到两个角与喷嘴的高度相同，完成后不能移动这两颗螺丝。

(5) 点击“设备管理”对话框中的“ ”按钮，将平台移动到“Y轴上中心”点。观察此时的高度，调整螺丝“③”，使其高度与刚刚得到的高度相同。重复“ ”和“ ”按钮，观察高度差，并调整螺丝“③”，直到两个角与喷嘴的高度相同。

(6) 分别点击“ ”“ ”“ ”“ ”按钮，检查平台是否调平。如果没有调平，则从打印机平台的调平步骤重新开始。

(三) 3D 打印机原料的安装

(1) 检查材料头部是否笔直、规则，若不笔直、规则，则将材料头部适当剪去一截。
(2) 将丝材从机器内部的送丝管入口从下往上插入，如图 1-8 所示。

图 1-8　送丝管入口位置示意图

(3) 安装送丝管，按箭头方向插入(若需取出送丝管，则先按下松紧阀)，如图 1-9 所示。

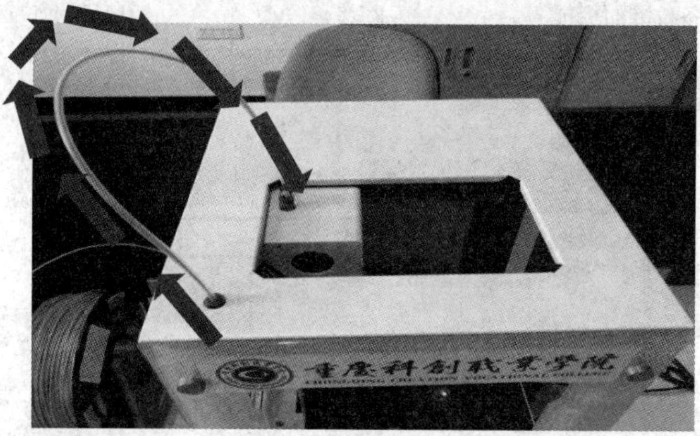

图 1-9　送丝管安装方法

(4) 放置料盘(注意料盘的方向)，如图 1-10 所示。

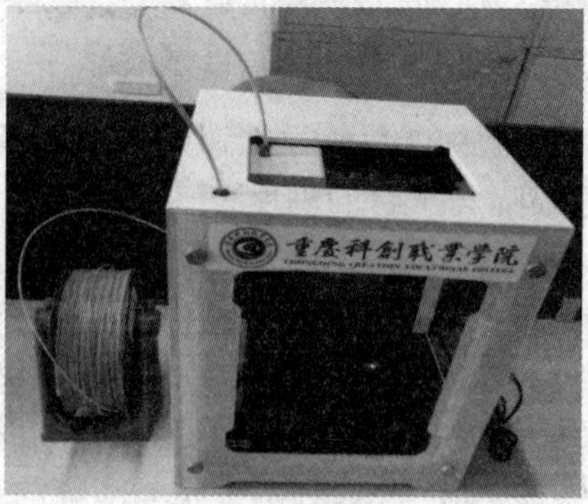

图 1-10　料盘放置示意图

五、实训考核

根据实训完成情况进行考核，考核表如表 1-2 所示。

表 1-2　FDM 打印机的安装与调试考核表

班　级		姓名		扣分记录	得分
项　目	考核要求	分值	评分细则		
FDM 打印机的初始化	能按正确操作步骤初始化打印机	10 分	不能正确初始化打印机，扣 10 分		
3D 打印平台的安装与调平	能正确调平打印平台	45 分	(1) 不能正确安装打印平台，扣 10 分； (2) 不能正确调整喷嘴与平台的间距，扣 10 分； (3) 调平方式不正确，扣 15 分； (4) 无调平核对过程，扣 10 分		
打印线材的正确进料、退料	能正确完成进丝、退丝过程	30 分	(1) 喷嘴温度设置不合理，扣 10 分； (2) 不能正确进料，扣 10 分；不能正确退料，扣 10 分		
安全文明操作	(1) 安全用电，未人为损坏元器件及工具； (2) 保持环境整洁，操作习惯良好； (3) 小组成员协作，态度端正； (4) 不迟到、不早退、不旷课	15 分	(1) 违反操作规程，每次扣 5 分； (2) 环境不整洁，扣 5 分； (3) 实训态度不端正，每次扣 5 分		
总　分					

任务二　3D 打印软件的应用

任务目标

3D 打印是一种以三维 CAD 模型文件为基础，运用高能束源或其他方式，将液体、熔融体、粉末、丝、片等材料进行逐层堆积粘接，最终叠加成型，直接构造出实体的技术。因此在打印产品之前，需用专门软件对产品的三维模型进行离散分层等相关处理。其中，

3dStar 软件是熔融沉积快速成型(FDM)技术常用的模型数据处理软件。本任务要求学生掌握 3dStar 软件的操作方法及相关参数的设置。

知识链接

与其他 3D 打印工艺过程类似，FDM 的工艺过程也分为三个阶段：前处理、成型及后处理。

1. 前处理

前处理的主要工序包括三维建模和数据处理。图 1-11 为前处理流程图。

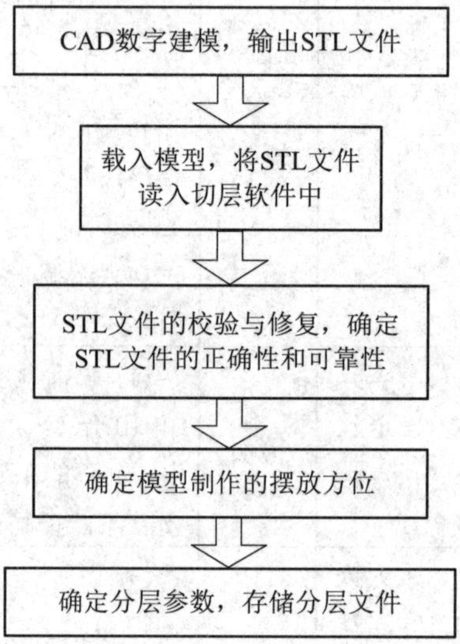

图 1-11　前处理流程图

2. FDM 工艺分层叠加过程(成型)

前处理完成后即可进行 FDM 工艺分层叠加过程。成型时，热熔性丝材通过带有一个微细喷嘴的喷头挤喷出来，挤出的材料随即与前一层面熔结在一起。一个层面沉积完成后，工作台按预定的增量下降一个层的厚度，再继续熔喷沉积，直至完成整个实体造型。

3. 后处理

FDM 工艺的后处理主要是支撑的去除和成型零件的打磨抛光。在制作悬臂结构时需要添加支撑，打印完成后需要去除支撑。

上述过程的分层切片、支撑设置、打印过程喷头温度设置等都需要在 3dStar 软件中完成，这也是本任务需要掌握的重点内容。

技能训练　3dStar 打印软件的应用

一、实训目的

(1) 了解 3dStar 打印软件的基本功能区。

(2) 掌握不同模型添加支撑的方法。
(3) 会独立操作 3dStar 打印软件。

二、实训器材

实训器材要求如表 1-3 所示。

表 1-3　3D 打印软件的应用实训器材表

实 训 器 材	数 量
装有 3dStar 打印软件的计算机	1 台
便携式 FDM 打印机	1 台
PLA 线材	若干

三、注意事项

(1) 实验平台要求整洁，注意用电安全。
(2) 使用打印机时，严格按规范操作。

四、实训操作

(一) 3dStar 界面介绍

3dStar 打印软件的界面主要有五个区域，即① 菜单区、② 向导区、③ 状态与设置区、④ 编辑区、⑤ 工作区，如图 1-12 所示。

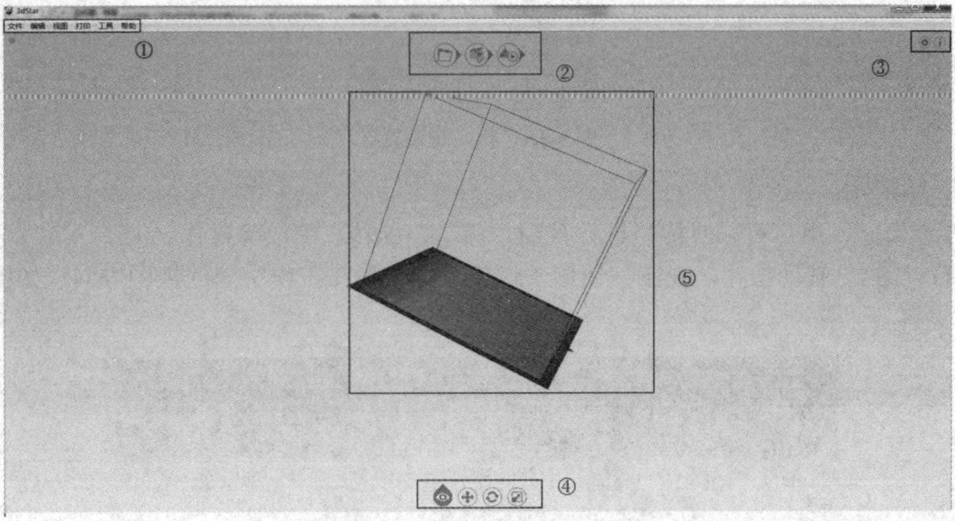

图 1-12　3dStar 打印软件的主界面

1. 菜单区

软件的所有功能都可以在菜单区内找到，如图 1-13 所示。

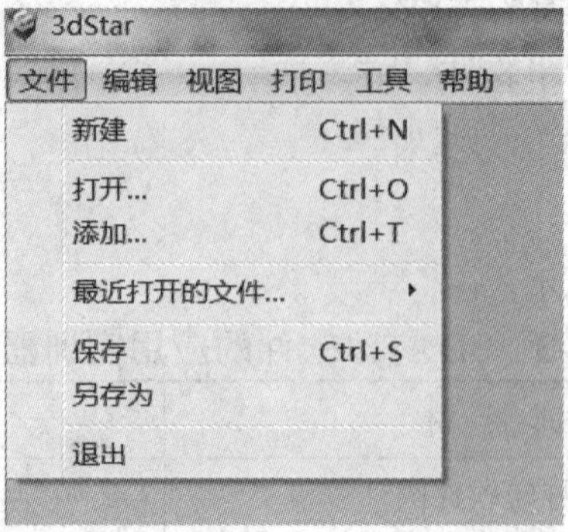

图 1-13　菜单区

2. 向导区

向导区包括打开文件、生成路径和开始/停止打印三部分，如图 1-14 所示。

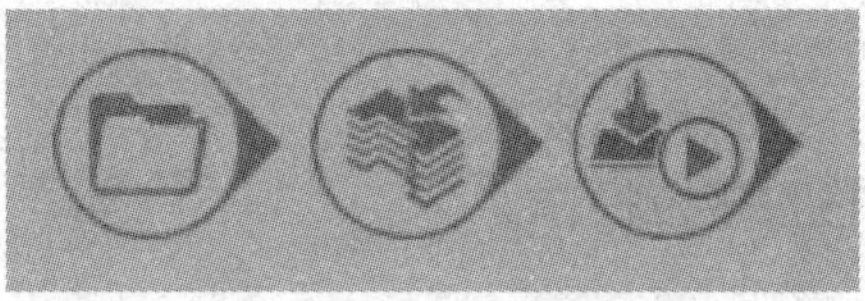

图 1-14　向导区

3. 状态与设置区

在状态与设置区用户可以进行“路径生成设置”“设备信息查看与设备控制”及“打印状态的查看”等操作，如图 1-15 所示。

图 1-15　状态与设置区

4. 编辑区

在编辑区，用户可以对模型进行视图、移动、旋转、缩放等操作。

(1) “”视图按钮。视图按钮用于调整三维模型在工作空间的视图方向，如图 1-16 所示。

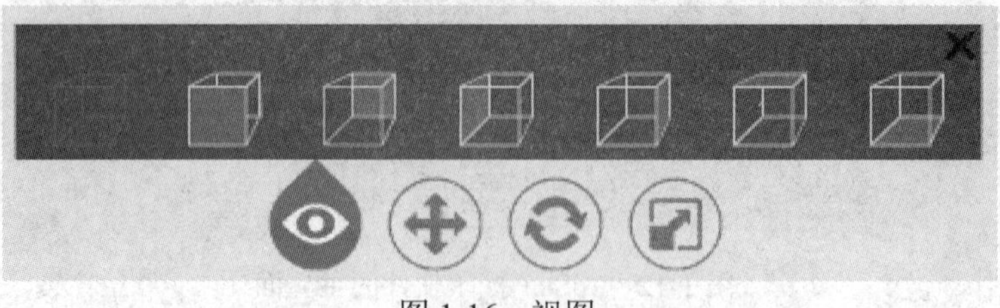

图 1-16　视图

(2) “”移动按钮。移动按钮用于调整三维模型在工作空间的位置，其中“”按钮可快速将模型移动到平台的中心，便于后续打印，如图 1-17 所示。

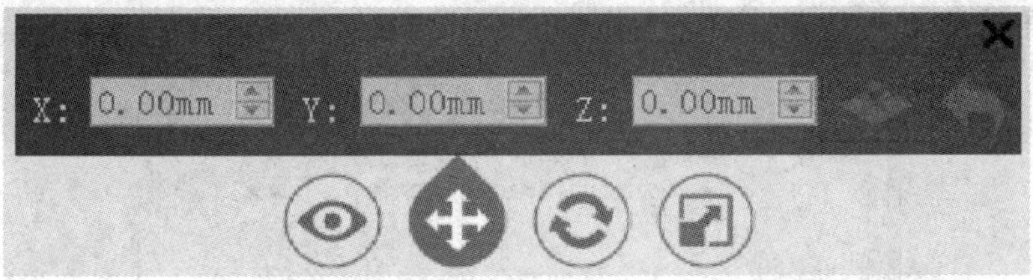

图 1-17　移动

(3) “” 旋转按钮。旋转按钮用于调整三维模型在工作空间的摆放方位，如图 1-18 所示。

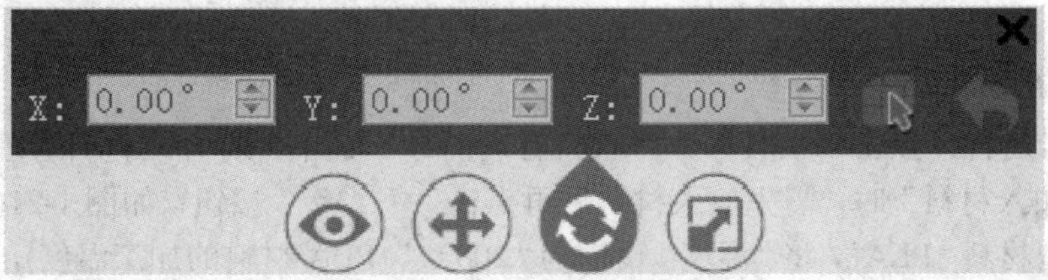

图 1-18　旋转

(4) “” 缩放按钮。缩放按钮用于调整三维模型的大小，其中“”按钮可快速将模型放大到打印平台能容纳的最大尺寸，如图 1-19 所示。

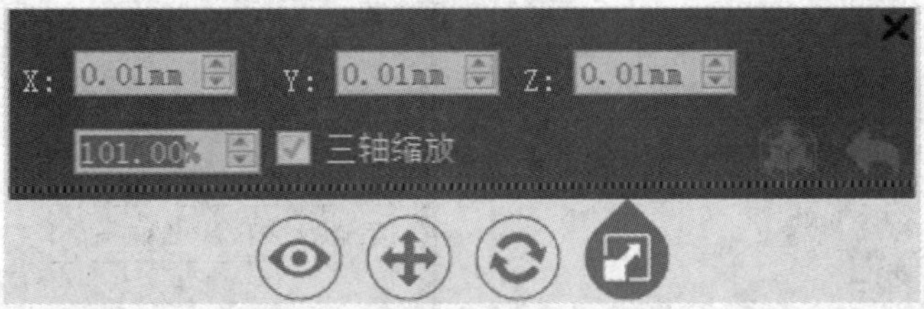

图 1-19　缩放

5. 工作区

工作区对应 FDM 打印的成型空间，网格区域模拟打印机的工作平台，黑色框线模拟打印机的整体内部框架。

在工作区调整模型的摆放位置时，需注意以下两点：

(1) 模型的基底必须在网格区域(工作平台)上，并尽量避免在网格区域的中心，以保证打印质量；

(2) 模型不能超出网格及黑色框线外，否则将超出打印机的成型范围，无法成型。通常，如果设置正确，则模型显示为灰白色，否则显示为灰黑色。

(二) 3dStar 软件操作

1. 打开软件

双击计算机桌面“”图标，打开 3dStar 打印软件。

2. 确定设备状态

点击“工具”—“选择设备”菜单，确定设备是否连接就绪，如图 1-20 所示。就绪时，主界面左上角显示为“”图样，否则为“”图样。

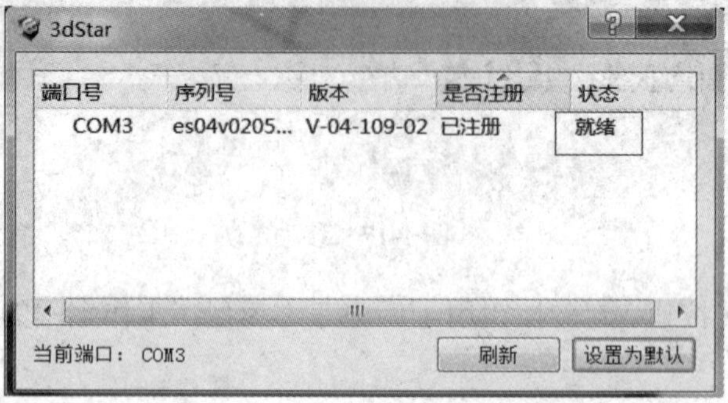

图 1-20　设备连接状态检查

3. 控制挤出机

(1) 进料过程。点击“工具”—“材料管理向导”菜单，打开“材料管理向导”对话框，勾选“加入材料”时，需先放入材料后再点击“下一步”按钮，如图 1-21(a)所示；“材料”选择成型材料“PLA”，将“温度”设定为“200℃”(PLA 材料的加工温度)，如图 1-21(b)所示；当温度到达 200℃后，会自动进行操作，进料结束后点击“完成”按钮，如图 1-21(c)所示。

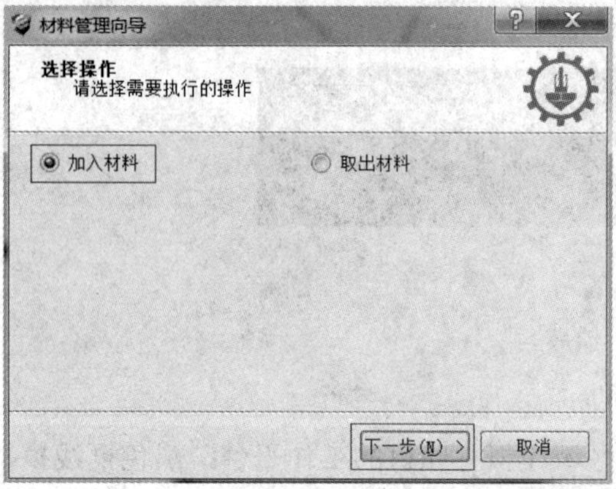

(a) 加入材料

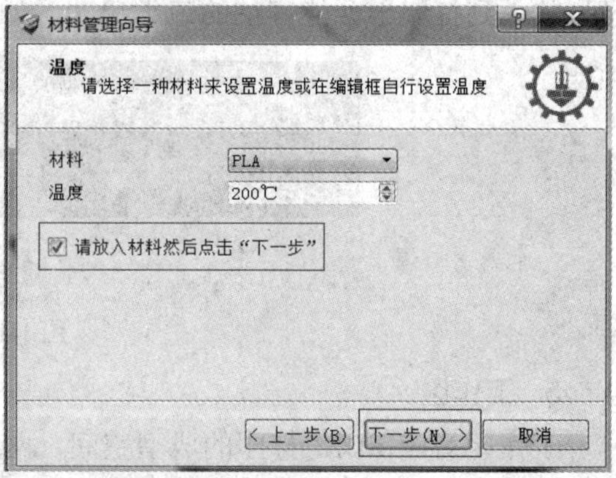

(b) 设置参数

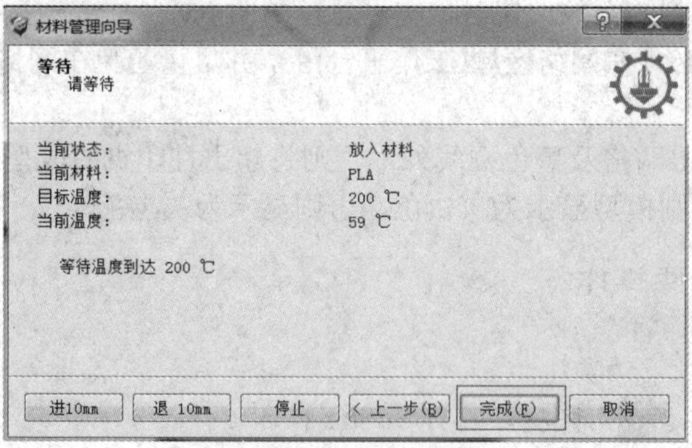

(c) 进料过程示意图

图 1-21　进料控制示意图

(2) 退料过程。在图 1-21(a)中选择“取出材料”，后续过程与进料过程类似。

4. 导入三维模型

点击菜单区中的“文件”—“打开”，或者点击向导区中的“ ”按钮快速打开需要打印的三维模型，并通过编辑区调整三维模型的位置、摆放方向及大小等，正确摆放的三维模型“垫圈”为灰白色，如图 1-22 所示。

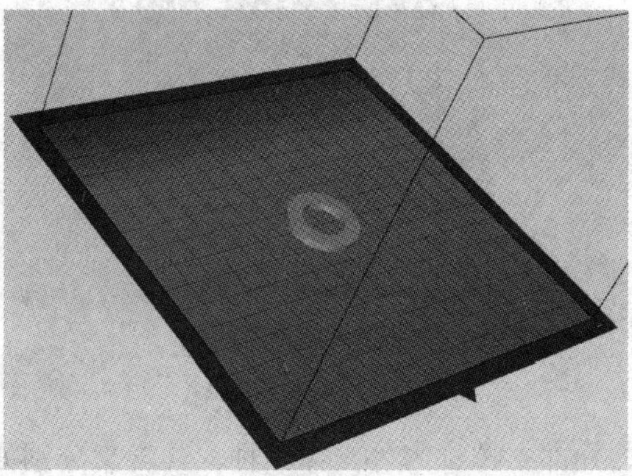

图 1-22　“垫圈”摆放示意图

5. 设置参数

点击菜单区中的“工具”—“设置”或者点击状态与设置区中的“ ”按钮，进入路径生成设置界面，如图 1-23 所示。

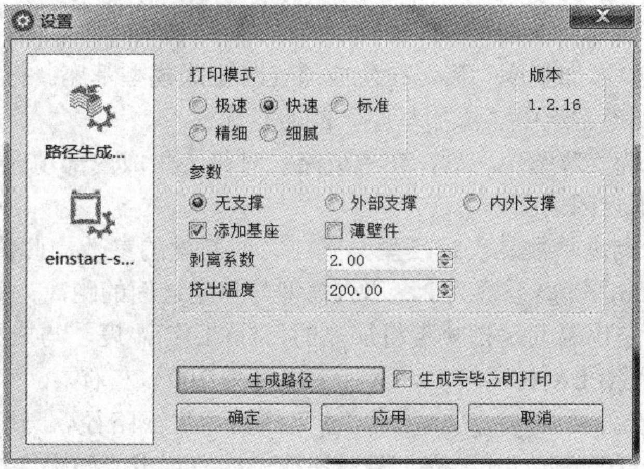

图 1-23　路径生成设置界面

(1) 设置打印模式。

打印模式共五种，从极速模式到细腻模式，打印时间增加，打印精度增高。五种打印模式分别代表了五种不同的分层切片方式，具体分层切片参数如下：

极速：采用 0.4 mm 层厚进行打印；

快速：采用 0.3 mm 层厚进行打印；

标准：采用 0.2 mm 层厚进行打印；

精细：采用 0.15 mm 层厚进行打印；

细腻：采用 0.1 mm 层厚进行打印。

(2) 设置支撑。

在 FDM 成型过程中，为了构建具有悬臂结构的复杂模型，需在悬臂位置增设支撑，如图 1-24 所示。支撑材料在 FDM 工艺的制作过程中用来辅助构建最终模型。

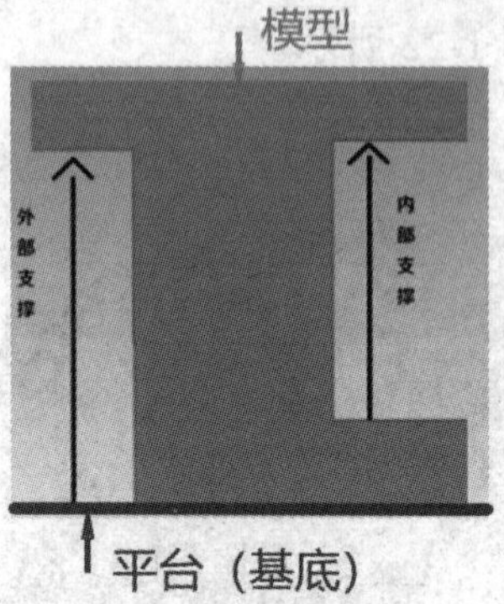

图 1-24　支撑示意图

支撑类型有无支撑、外部支撑、内外支撑三种，其含义分别如下：

① 无支撑：生成路径时，无支撑生成；

② 外部支撑：生成路径时，生成外部支撑结构。“外部支撑”指支撑的底部不与模型接触，而是直接生长在基座或平台上(无基座打印时)。

③ 内外支撑：生成路径时，生成“外部 + 内部”支撑结构。“内部支撑”是指底部与模型接触。

(3) 设置其他基本参数。

① 基座。勾选“添加基座”后，在生成路径时生成模型基座。打印基座能固定模型，补偿高度误差，因此通常选中“添加基座”前的复选框。

② 薄壁件。勾选“薄壁件”后，在生成路径时将不生成内部填充，只生成外壳结构，同时封闭底面但是不封闭顶面。

③ 剥离系数。剥离系数是表征模型与基座之间高度的参数，此值是高度与层厚的比率。如层厚为 0.2 mm，剥离系数为 2，那么模型与基座之间的距离为 0.4 mm。

④ 挤出温度。挤出温度是指喷嘴将加热的目标(工作)温度，与成型时所用材料有关。FDM 工艺采用聚乳酸(PLA)材料较多，其加工温度为 200℃左右。

设置好参数后点击“生成路径”按钮，生成路径。一般为避免出错，不勾选“生成完毕立即打印”前的复选框。路径生成完成后点击“确定”按钮退出设置环境，并核对是否有误。

(4) 打印成型。路径核对无误后点击向导区中的“　”按钮，开始打印。打印时可通过状态与设置区中的“　”按钮查看打印状态等信息。

打印结束后从工作平台上取下工件，并进行相关后处理，至此打印过程完成。

五、实训考核

根据实训完成情况进行考核，考核表如表 1-4 所示。

表 1-4 3D 打印软件的应用考核表

班 级		姓名		扣分记录	得分
项 目	考核要求	分值	评分细则		
3dStar 软件的基本操作	能按正确操作步骤启动 3dStar 软件，并调整打印机状态，完成进、退料过程	15 分	(1) 未检查打印机是否就绪，扣 5 分； (2) 不能正确完成进、退料过程，扣 10 分		
三维模型的摆放调整	能正确在工作区摆放三维模型	30 分	(1) 不能正确确定模型摆放位置，扣 10 分； (2) 不能合理摆放模型方位，扣 10 分； (3) 不能正确调整三维模型大小，扣 10 分		
路径参数的设置	能正确设置路径参数	30 分	(1) 打印模式选择不合理，扣 10 分； (2) 支撑设置不合理，扣 10 分； (3) 基本参数设置不合理，扣 10 分		
打印操作及监管	能正确开始模型打印过程并实时监测	10 分	(1) 打印开始操作不当，扣 5 分； (2) 打印过程未监管，扣 5 分		
	(1) 安全用电，未人为损害元器件及工具； (2) 保持环境整洁，操作习惯良好； (3) 小组成员协作，态度端正； (4) 不迟到、不早退、不旷课	15 分	(1) 违反操作规程，每次扣 5 分； (2) 环境不整洁，扣 5 分， (3) 实训态度不端正，每次扣 5 分		
总 分					

任务三 FDM 打印机常见的故障维修与保养

任务目标

熔融沉积快速成型(FDM)在成型产品过程中，需将丝状的热熔性材料加热熔化，通过带有一个微细喷嘴的喷头挤喷出来，如果热熔性材料的温度始终稍高于固化温度，而成型部分的温度稍低于固化温度，则能保证热熔性材料挤喷出喷嘴后，随即与前一层面熔结在一起。设备长时间在高温环境下工作，易发生故障。若不及时保养和维护，则易出现卡丝等故障，影响产品质量，甚至无法打印。本任务要求学生熟练掌握 FDM 打印机的常见故障维修及设备保养方法。

知识链接

熔融沉积快速成型机的成型结构由喷头、送丝机构、加热系统、运动机构、工作台五个重要部件构成，如图 1-25 所示。

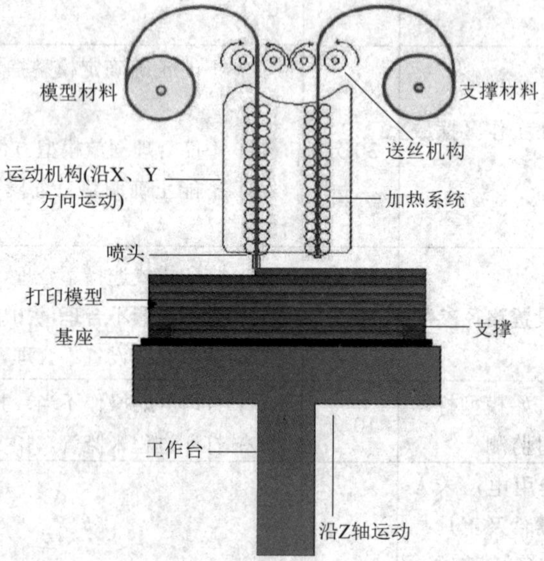

图 1-25　熔融沉积快速成型机原理示意图

技能训练　**FDM 打印机常见的故障维修与保养**

一、实训目的

(1) 熟悉设备常见故障的判断及维护方法。
(2) 掌握 3D 打印设备的日常保养方法。

二、实训器材

实训器材要求如表 1-5 所示。

表 1-5　FDM 打印机常见的故障维修与保养实训器材表

实 训 器 材	数 量
内六角组套	1 套
剪刀	1 把
FDM 打印机专用维护工具包	1 套
便携式 FDM 打印机	1 台

三、注意事项

(1) 实验平台要求整洁，注意用电安全。

(2) 使用打印机时，严格按规范操作。

四、实训操作

(一) 打印机的常见问题及解决方法

1. 卡丝

现象：发出“噔噔噔”的声音。

原因：过丝孔与铜齿轮中部未完全对齐，或挤出机摇臂的固定螺丝拧得过紧。

解决方法：先退丝，将打印丝的头部剪平后再次进丝。如果还有“噔噔噔”的声音，则需向技术人员咨询“卡丝故障”的处理方法。

2. 基座粘不牢模型

现象：模型从基座上脱落，或者模型有翘边现象。

原因：打印平台材料不利于材料的附着，或底层材料凝固太快。

解决方法：

(1) 打印前，在平台上贴满纹路纸或者涂满专用胶水，增加其粗糙度；

(2) 冬季时剥离系数设置为2.0左右，夏季时剥离系数设置为2.3左右；

(3) 冬季时喷头温度设置为210℃，夏季时喷头温度设置为195℃。

3. 打印丝回丝异常

现象：打印丝挤满喷嘴，在喷嘴附近结成一块。

原因：打印丝未粘在模型上，由喷嘴吐出来的丝回绕积累造成。

解决方法：拆去喷头风道螺丝，加热喷嘴，等待喷嘴加热至195℃时，材料将熔掉。此时，用钳子清理掉残丝即可。

4. 软件无法连接设备，或者连上设备控制不了

现象：软件无法连接或控制设备，未能匹配序列号。

原因：未安装打印驱动，连接不上设备，或者未注册设备序列号。

解决方法：找到正确的驱动安装路径，双击注册序列号文件。

5. 打印模型到一半不出丝(空打)，或者出丝成棉花状

现象：卡丝，错位或错层。

原因：

(1) 打印丝变粗卡住后，如果能够恢复正常，则吐棉花丝，否则走空；

(2) 喷嘴撞到模型较硬的部位会导致错位，从而出现棉花丝或者喷嘴被打印丝黏住的现象；

(3) 打印丝缠丝打结，会造成喷头走空；

(4) 喷嘴堵塞，吐出来的丝太细，粘不上模型；

(5) 散热风扇不转(受阻或者烧坏)；

(6) 温度传感器坏了，会空走并出现“噔噔噔”的响声。

解决方法：

先将丝材退出，检查丝材是否变粗或有不均匀点，然后重新进丝。再检查进丝是否顺畅，是否有丝缠绕在一起，如果没有，则关机检查，手动移动 X 轴和 Y 轴，确认是否撞到机器的某个位置。

(二) 3D 打印机(FDM)保养方法

1. 更换材料

通过控制挤出机来操作进料、退料、换料。在脱机打印的情况下，还可以在设备控制台中选择“filament out”(退丝)和“filament in”(进丝)进行操作。

2. 清洗喷嘴

多次打印之后喷嘴可能会覆盖一层氧化的打印材料。当打印机打印时，氧化的材料丝可能会熔化，滴落到模型表面使其变色，所以需定期清洗喷嘴。

预热喷嘴，设置喷头温度(PLA 材料为 195℃)，等待温度上升。待温度达到后，用镊子夹住棉布擦拭。

3. 拆卸喷头风道、喷头罩壳模型

先拆除底盖板，如图 1-26 所示，再清理或更换喷头风道和喷头罩壳。

图 1-26　底盖板拆除位置示意图

五、实训考核

根据实训完成情况进行考核，考核表如表 1-6 所示。

表 1-6　FDM 打印机常见的故障维修与保养考核表

班　级		姓名		扣分记录	得分
项　目	考核要求	分值	评分细则		
打印机的常见问题及解决方法	能正确记录并分析设备故障原因，且能正确维护故障设备	40 分	(1) 不能正确分析解决打印机出丝问题，扣 20 分； (2) 不能正确处理设备软件问题，扣 10 分； (3) 不能正确解决模型基底问题，扣 10 分		
3D 打印机(FDM)保养方法	能掌握正确的设备保养方法	40 分	(1) 不能正确更换材料，扣 20 分； (2) 不能按要求清洗喷嘴，扣 10 分； (3) 不能正确拆卸喷头风道、喷头罩壳，扣 10 分		
安全文明操作	(1) 安全用电，未人为损坏元器件及工具； (2) 保持环境整洁，操作习惯良好； (3) 小组成员协作，态度端正； (4) 不迟到、不早退、不旷课	20 分	(1) 违反操作规程，每次扣 10 分； (2) 环境不整洁，扣 5 分； (3) 实训态度不端正，每次扣 5 分		
总　分					

项 目 小 结

通过本实训项目，读者应重点理解和掌握以下理论与技能：

(1) 掌握熔融沉积快速成型(FDM)技术的原理及特点。

(2) 能熟练掌握 FDM 打印机的基本操作方法。

(3) 会分析、维护 FDM 打印机常见的故障问题。

思 考 与 练 习

1. FDM 打印机的工作平台如何调平？
2. 剥离系数是什么？对 3D 打印过程有何影响？

3. 打印机打印时发出“噔噔噔”的声音是什么原因？该如何处理？

4. 完成如图 1-27 所示零件圆垫圈的建模及 3D 打印过程(打印机安装调试及打印软件操作)。

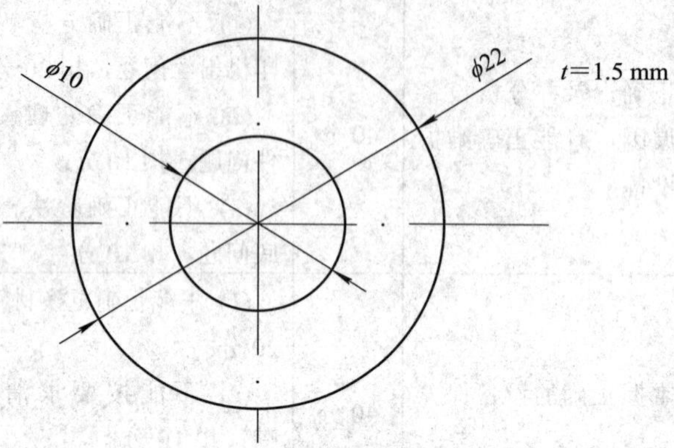

图 1-27　圆垫圈示意图

实训项目二　轴类零件打印及模型后处理

项目分析

3D 打印对数据最基本的要求是建立三维数据模型，只有建立了三维数据模型的零件才能使用 3D 打印机进行打印。传统工业产品的开发均遵循序列严谨的研发流程。正向设计就是从产品功能与规格的预期指标确定开始，构思产品的零部件需求，再通过各个部件的设计、制造以及检验其组装、性能测试等程序来完成。本项目以减速器传动轴为载体，实现产品的打印及模型后处理。

本项目需要完成以下任务：

(1) 轴类零件打印。

(2) 轴类零件模型后处理。

知识目标

(1) 掌握 FDM 打印机的设置方法。

(2) 掌握打印模型支撑的添加方法。

(3) 熟悉轴类零件的后处理方法。

能力目标

(1) 掌握模型打印前的相关参数设置。

(2) 掌握轴类零件的摆放技巧。

(3) 掌握轴类零件支撑的添加方法。

(4) 掌握轴类零件支撑的去除方法。

任务一　轴类零件打印

任务目标

产品的正向设计是根据功能和用途来设计的，从概念出发绘制出产品的二维图纸，然后制作三维几何模型，经检查通过后制造出产品，其采用的是从抽象到具体的思维方法。

本任务是根据阶梯轴类零件的工程图和三维实体模型(如图 2-1 所示)，在三维建模、模型格式转换、打印参数设置、添加支撑的基础上完成产品的打印。

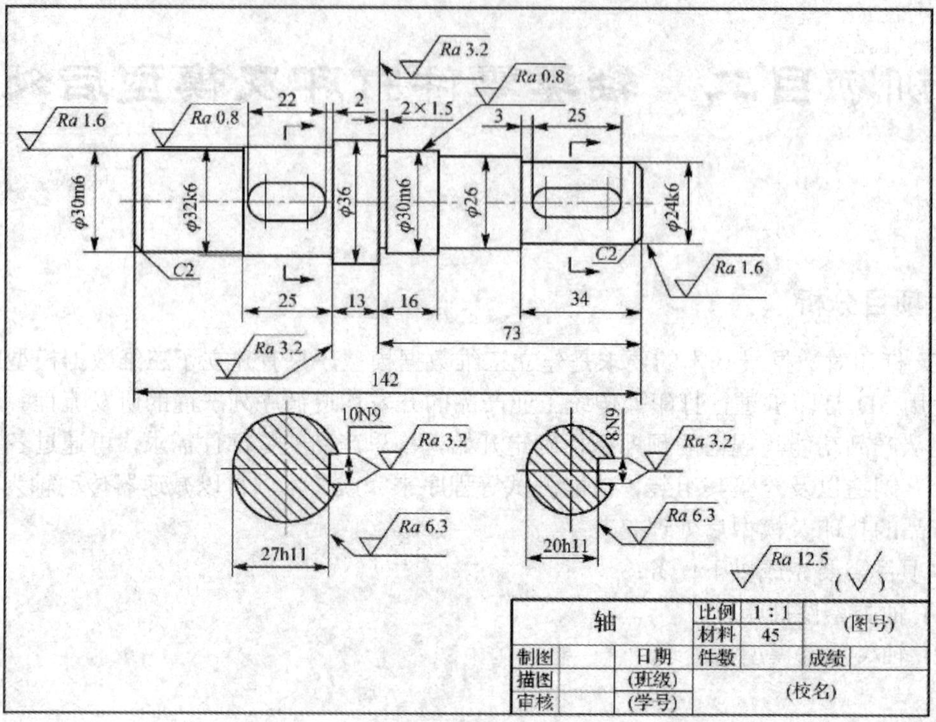

(a) 阶梯轴类零件工程图

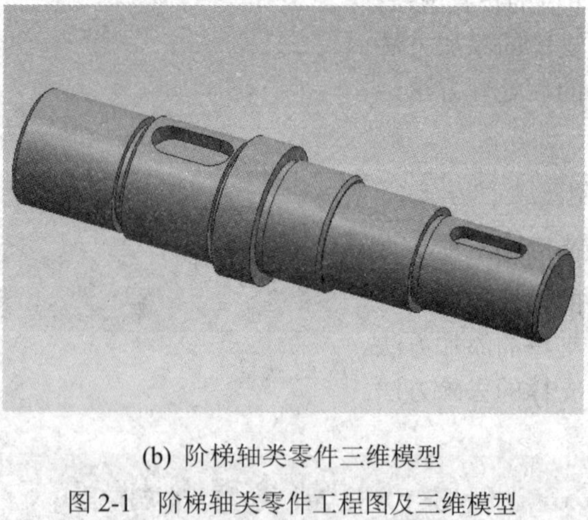

(b) 阶梯轴类零件三维模型

图 2-1　阶梯轴类零件工程图及三维模型

知识链接

在工业产品中，轴类零件是五金配件中经常遇到的典型零件之一，它主要用来支承传动零部件、传递扭矩和承受载荷。轴类零件一般是用两个轴颈支撑在轴承上，这两个轴颈称为支撑轴颈，也是轴的装配基准。除了尺寸精度外，一般还对支撑轴颈的几何精度(圆度、圆柱度)提出要求。对于一般精度的轴颈，几何形状误差应限制在直径公差范围内；精度要求高时，应在零件图样上另行规定其允许的公差值。

1. SolidWorks 建模软件

SolidWorks 是世界上第一个基于 Windows 开发的三维实体设计软件，该软件以参数化特征造型为基础，具有功能强大、易学易用和技术创新等特点，这使得 SolidWorks 成为领先的、主流的三维 CAD 建模软件。因为 SolidWorks 使用了 Windows OLE 技术、直观式设计技术、先进的 Parasolid 内核以及良好的与第三方软件集成的技术，所以使 SolidWorks 成为全球装机量最大、最好用的软件之一。SolidWorks 能够提供不同的设计方案，减少设计过程中的错误并提高产品质量，从而使用户能在比较短的时间内完成更多的工作，能够更快地将高质量的产品投放市场。SolidWorks 内容丰富，涉及平面工程制图、三维造型、求逆运算、加工制造、工业标准交互传输、模拟加工过程、电缆布线和电子线路等多个应用领域。

自从 1996 年 SolidWorks 引入中国以来，受到了业界的广泛好评，许多高等院校也将 SolidWorks 用作制造类专业教学和课程设计的首选软件。SolidWorks 发展至今，已有诸多版本。本节示例均采用 SolidWorks 2016 版软件。

2. FDM 打印机设置

在打印之前，需要初始化(回到参考点)打印机。打开 3dStar 切片软件进入操作界面。在界面中点击“三维打印”菜单命令的“初始化”选项。当打印机发出蜂鸣声，初始化即开始。打印喷头和打印平台将再次返回到打印机的初始位置。

3. 零件摆放及打印参数设置

1) 零件摆放

轴类零件对外表面要求相对较高，从图 2-1(a)可以看出，阶梯轴表面粗糙度要求最高的部位达到了 *Ra*0.8。如果采用水平摆放(即轴的工作位置)，则势必会在最底层留下支撑的痕迹，从而影响轴的表面质量。如果采用垂直摆放，虽然表面质量满足要求，但由于支承面太小，打印的层数太多，则很容易在打印过程中发生弯曲，从而影响轴的使用性能。综合考虑，最好采用水平摆放的方式进行打印。

2) 打印参数设置

对于刚接触 3D 打印机的新手来说，各种参数设置容易令人迷茫。极速还是快速、内部支撑还是外部支撑、剥离系数和挤出温度，对于这些基本设置应有一份详细的参数说明。通常，只需要对“基本设置”进行修改。本任务建议采用默认参数来生成打印路径，参数更改不当可能会造成喷头堵塞，无法得到想要的模型。

技能训练　阶梯轴类零件打印

一、实训目的

(1) 掌握轴类零件的摆放技巧。

(2) 掌握轴类零件支撑的添加方法。

二、实训器材

实训器材要求如表 2-1 所示。

表 2-1　阶梯轴类零件打印实训器材表

实 训 器 材	数 量
计算机	1 台
便携式 FDM 打印机	1 台
PLA 线材	若干

三、注意事项

(1) 实验平台要求整洁，注意用电安全。

(2) 使用 3D 打印机时，严格按规范操作。

四、实训操作

(一) 创建三维模型

根据图 2-1 可知，目标零件属于回转轴类零件，可用“旋转”特征绘制轴的主体，再用“拉伸切除”绘制键槽，即可得到目标零件的三维模型。具体建模步骤如下：

(1) 启动 SolidWorks 软件，新建文件。双击“ ”图标，打开 SolidWorks 2016 软件，点击“文件”—“新建”，选择文件类型为“零件”，点击“确定”(如图 2-2)，进入绘图界面。

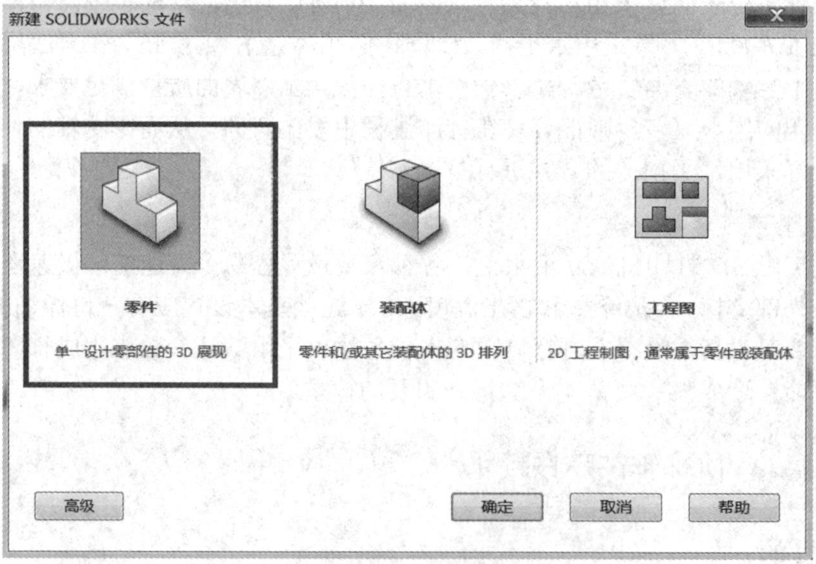

图 2-2　新建零件

(2) 利用“旋转”特征绘制阶梯轴的主体部分。点击“特征”选项卡中“　”图标，进入旋转命令界面。选择“上视基准面”作为绘制阶梯轴横断面的平面(也可选用前/右视基准平面)，进入草图环境，绘制阶梯轴截面的一半，如图2-3所示。点击绘图区右上角“　”图标退出草图。选择长度为“142 mm”直线为旋转轴，所绘截面为“旋转截面”，具体参数设置如图2-4所示。点击“　”图标确定，阶梯轴主体部分绘制完成，如图2-5所示。

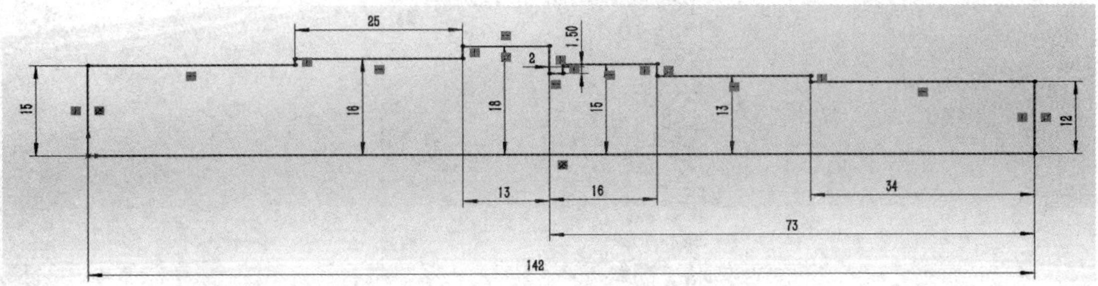

图2-3　阶梯轴截面图

图2-4　阶梯轴旋转参数设置图

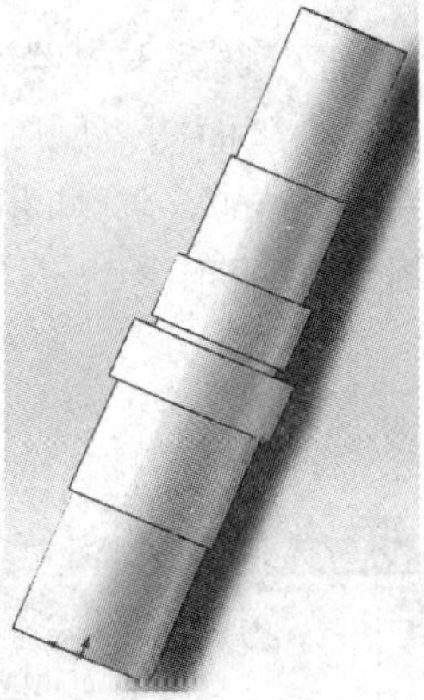

图2-5　阶梯轴主体部分

(3) 利用“拉伸切除”特征绘制键槽部分。选择“参考几何体”—“基准面”创建绘制键槽截面的基准平面，如图2-6所示。所建基准面与前视基准面垂直，与键槽所在位置的外圆柱面相切，具体参数设置如图2-7所示。点击“　”图标确定，基准面创建完成。

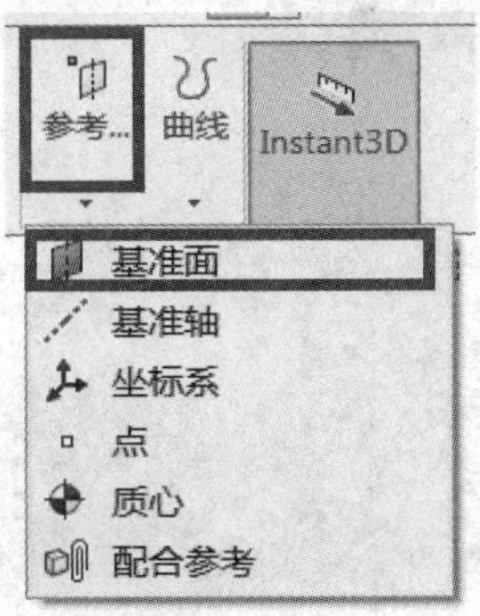

图2-6　创建基准平面

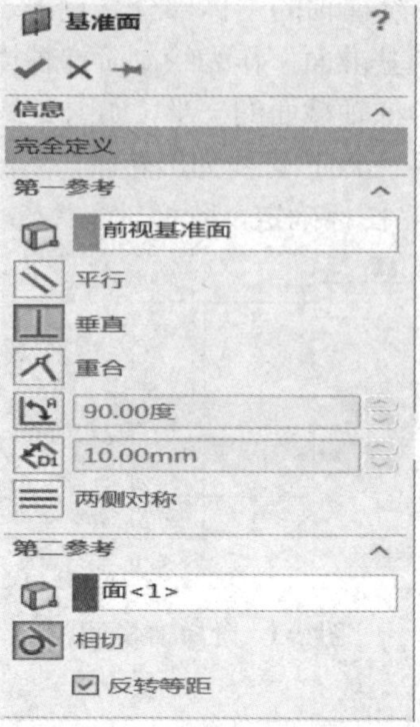

图 2-7　基准面参数设置

(4) 点击“特征”选项卡“拉伸切除”图标，进入拉深切除界面，选择上一步新建基准面为草图平面，绘制键槽平面图，如图 2-8 所示。点击绘图区右上角“　”图标退出草图。设置切除深度为“4 mm”，具体设置参数如图 2-9 所示。点击“✓”图标确定，一个键槽创建完成，如图 2-10 所示。

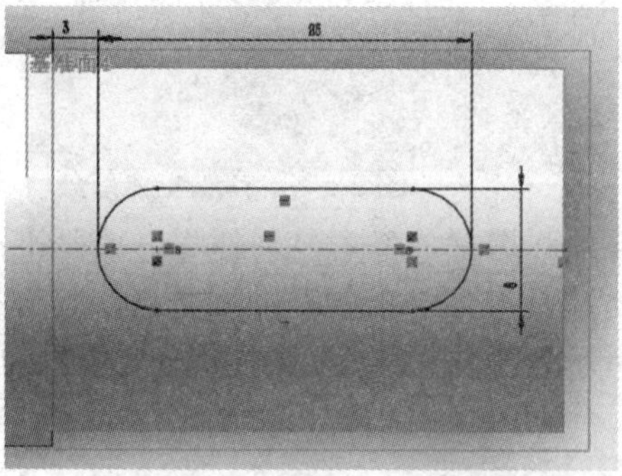

图 2-8　键槽截面图形

图 2-9　拉伸切除参数设置

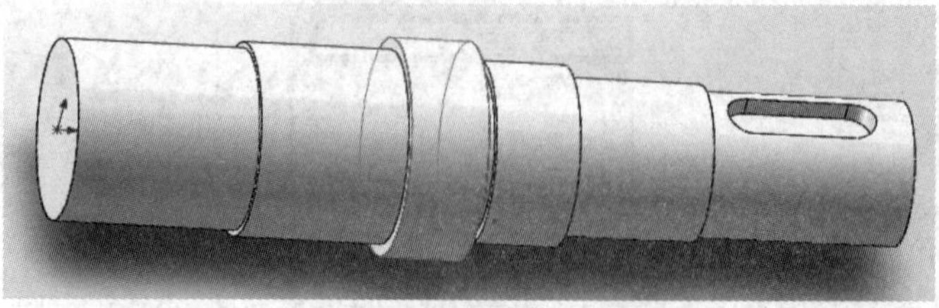

图 2-10　键槽部分示意图

用相同的方法，创建另一端的键槽，完成的图形如图 2-11 所示。

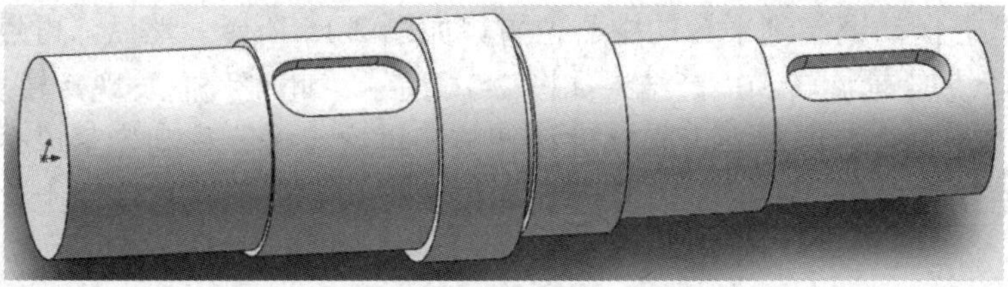

图 2-11　键槽部分示意图

(5) 模型编辑。点击“特征”选项卡中“倒角”图标，将阶梯轴的端部按图纸倒角，至此阶梯轴绘制完成，如图 2-12 所示。

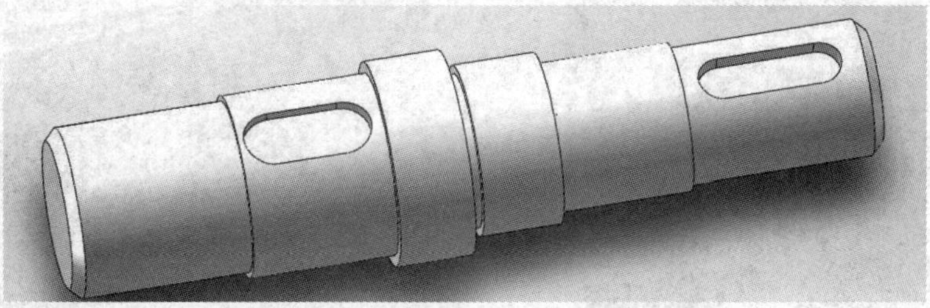

图 2-12　阶梯轴三维模型

(二) 模型格式转换

3D 打印需要有 3D 立体图，3D 立体图有很多种格式，不同三维建模软件立体图的文件格式是不同的。常见的格式有 STL、STP、IGS、OBJ、X_T、SLDPRT、PRT 等。立体图格式不同，用其他软件可能就打不开。同样的道理，3D 打印机支持的 3D 立体图格式也不会太多，也不可能适配市面上的全部软件。其中，由美国 3D System 公司开发的光固化成型(Stereo Lithography，STL)文件格式是被大多数 3D 打印机所接受的。因此，STL 文件格式被工业界认为是目前 3D 打印数据的标准。几乎所有的 3D 打印机都采用 STL 数据格式。转换为 STL 格式后打开的模型如图 2-13 所示。

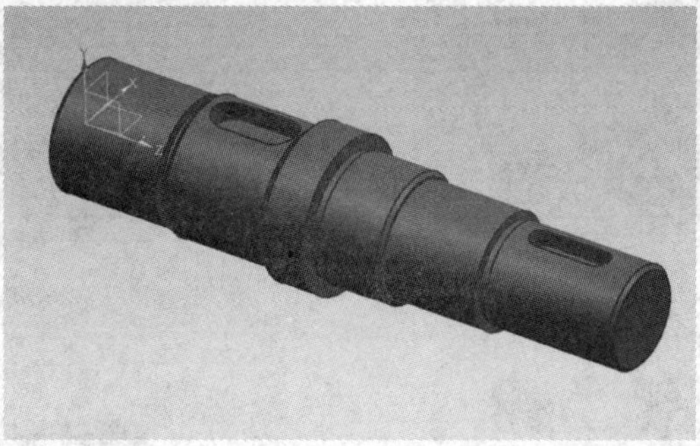

图 2-13　转换后的 STL 模型

(三) 导入模型

将转换后的 STL 文件导入 3dStar 切片软件，如图 2-14 所示。如果模型导入后是亮白色，则说明模型符合打印的状态，可以直接进行切片。此外，还要观察模型是否处于打印平台的中心位置，模型是否与打印平台底面完全贴合。点击“移动”菜单中的“移动到中心”按钮，模型会自动调整到平台的中心位置，如图 2-15 所示。然后，再点击下方的“旋转”按钮，选择绕 Y 轴旋转 90°，结果如图 2-16 所示。此时我们发现，模型变成暗灰色，说明此时的状态不符合打印状态，必须进行调整。再次点击“移动”菜单中的“移动到中心”按钮，模型呈亮白色，如图 2-17 所示。如果要把想要的面贴在底面上，则可以通过旋转操作实现。

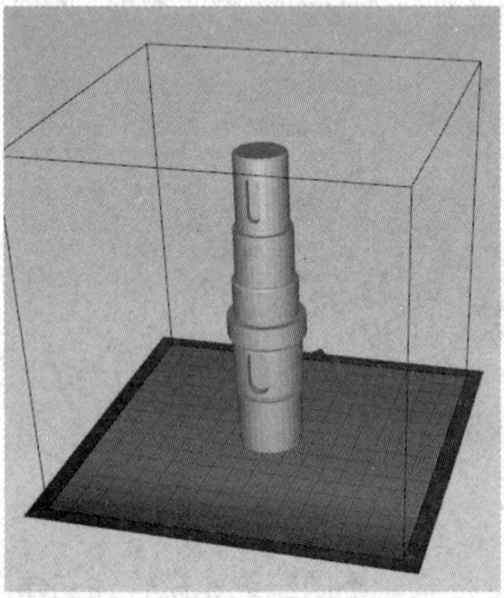

图 2-14　导入 3dStar 的阶梯轴模型

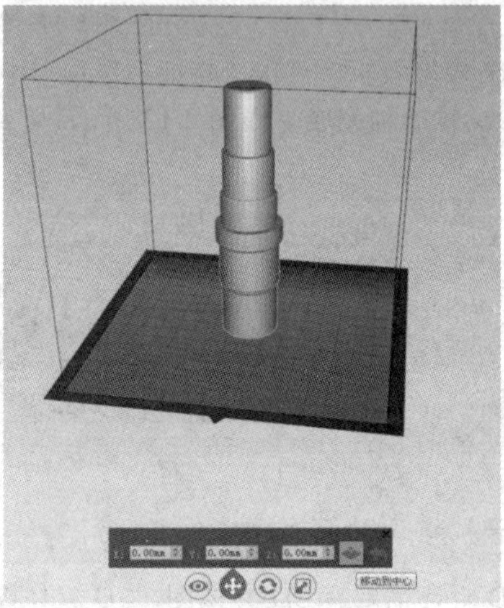

图 2-15　移动到中心

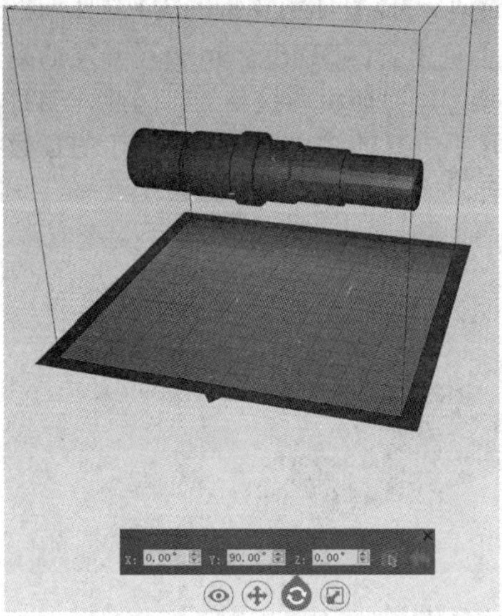

图 2-16　绕 Y 轴旋转 90°

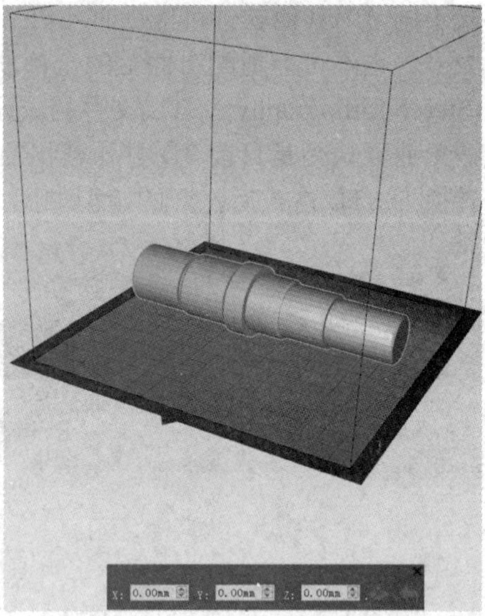

图 2-17　摆放好的模型

(四) 打印参数设置

调整好模型的位置之后，开始设置打印参数。点击右上角的“齿轮”按钮，打开“设置”对话框。参数“外部支撑”“添加基座”“剥离系数”设置为2.0(剥离系数会随着打印丝的受潮程度和平台所涂胶水的厚度而变化，如果很难剥离下来的话，则可以试试上调0.4的剥离系数)。“挤出温度”设置为“205℃”(夏天可以适当降低)，“打印模式”选择“标准”，参数设置如图2-18所示。

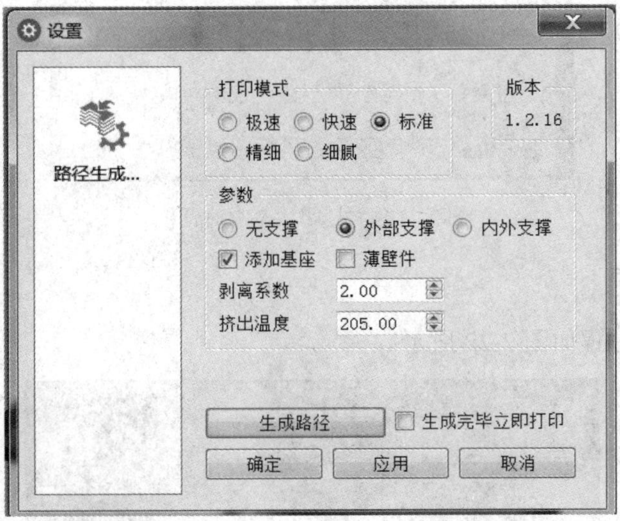

图2-18　打印参数设置

(五) 生成打印路径

点击“生成路径”，可以暂时不勾选“生成完毕立即打印”，结果如图2-19所示。通过旋转模型视图观察添加基座和外部支撑后的模型。通过图2-19可以发现，支撑和基座呈紫色，模型呈亮白色。我们可以通过“路径查看器”对话框查看共计有多少层，是否显示表面轮廓等信息，如图2-20所示。生成路径时，也可以勾选“生成完毕立即打印”，生成路径后直接进入打印环节。路径生成后，喷嘴开始升温，当温度达到设定的温度205℃时，打印工作正式开始。此时可以点击菜单中的“打印状态”工具条，系统弹出“打印状态”对话框，如图2-21所示。

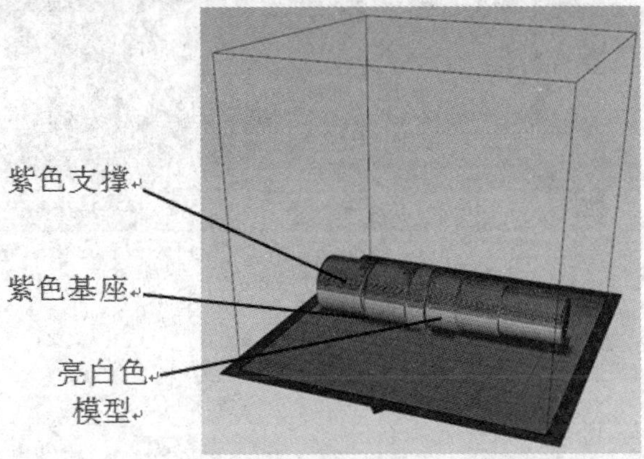

图2-19　生成的打印路径

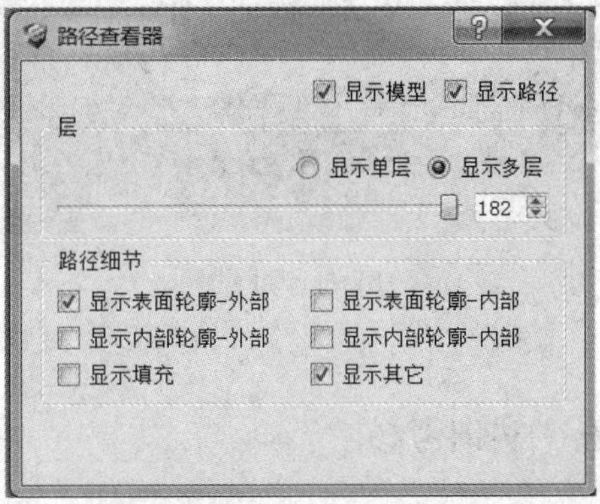

图2-20　路径查看器

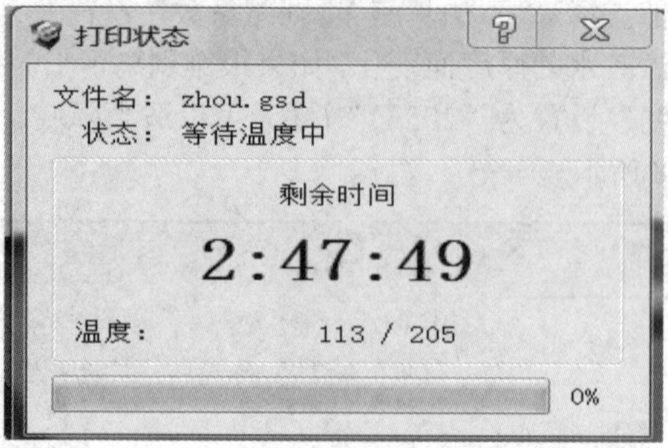

图 2-21　“打印状态”对话框

(六) 打印过程

阶梯轴的打印过程如图 2-22 所示。

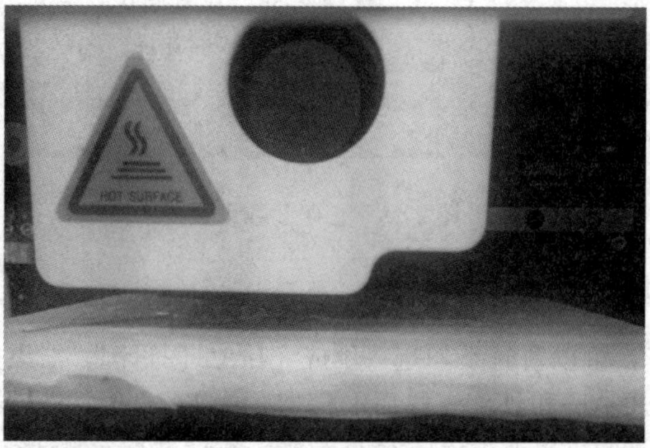

(a) 打印基座

(b) 打印过程中

(c) 模型打印完成

图 2-22　阶梯轴打印过程

五、实训考核

根据实训完成情况进行考核，考核表如表 2-2 所示。

表 2-2　轴类零件打印考核表

班级		姓名		扣分记录	得分
项目	考核要求	分值	评分细则		
模型格式转换	转换格式正确	5 分	格式错误，扣 5 分；		
打印模式	打印模式合理	10 分	打印模式错误，扣 10 分		
打印参数设置	参数设置合理	30 分	(1) 剥离系数设置不合理，扣 5 分； (2) 挤出温度设置不合理，扣 10 分； (3) 支撑添加不合理，扣 15 分		
模型位置与尺寸	能够正常打印	35 分	(1) 模型位置不合理，扣 15 分； (2) 模型尺寸不合理，扣 20 分		
安全文明操作	(1) 安全用电，未人为损坏元器件及工具； (2) 保持环境整洁，操作习惯良好； (3) 不迟到、不早退、不旷课	20 分	(1) 违反操作规程，每次扣 10 分； (2) 环境不整洁，扣 10 分		
总　分					

任务二　轴类零件模型后处理

任务目标

3D 打印的工作原理是逐层叠加成型，只要分层制造就会存在台阶效应，虽然每层都分解得非常薄，但在微观尺寸下，仍然会存在一定厚度的多级台阶。尤其对于 FDM 桌面级 3D 打印，台阶效应更加明显。模型打印表面质量与打印材料、机器精度、打印速度、温度、三维数据模型质量、切片参数等都有关系，为了更好地解决打印产品的表面质量问题，需要在模型后期处理上下功夫。本任务是对打印好的模型进行后处理，以满足美学外观要求和使用要求。

知识链接

一、支撑去除

对于大多数模型来说，支撑必不可少，但去除支撑后会在模型表面留下痕迹。为了解决这一问题，一方面需要在切片时适当地优化参数，另一方面去除支撑痕迹也需要一点技巧，熟练使用合适的剪钳类工具是必要的。常用的 3D 打印材料为 PLA，通常情况下这种材料的支撑去除比较简单，但一些关键部位的支撑，在去除时可能会损坏模型，因此需要更加仔细。

二、模型的后处理方法的步骤

1. 打磨抛光

为了去除支撑痕迹需要使用砂纸或是锉刀进行打磨。根据表面粗糙程度来决定使用哪种工具进行打磨。支撑留下的痕迹如果是小面积的，可以使用锉刀来消除，大面积的则使用砂纸会更方便。打磨时，要使用少量砂纸打磨去除层纹，然后再用大量砂纸进行抛光。在砂纸打磨过程中会产生很多粉尘，所以建议将砂纸或模型沾湿再打磨，这样可以有效减少粉尘。

2. 表面喷砂

表面喷砂也是常用的后处理工艺，是通过操作人员手持喷砂机的喷嘴朝着待抛光模型高速喷射介质小珠，从而达到抛光的效果。通过喷砂机做珠光处理速度很快，约 5～10 分钟即可处理完成。处理后产品表面光滑，有均匀的亚光效果。

3. 使用底漆

喷底漆是模型上色前很有必要的步骤，一般使用水补土来作为底漆。水补土的主要作用是除了能够填补细小的缝隙之外，还可以使模型的瑕疵部位暴露出来，以方便检查模型的外表面。除此之外，水补土也有利于模型上色，它能够帮助颜料附着在模型上。底漆的颜色可以根据上色的主色调决定。等到底漆干燥后，继续用砂纸在粗糙的地方打磨直到光滑为止。当模型经过以上几步处理之后，就基本上很难再看出 3D 打印的痕迹了，接下来可以正式上色了。

4. 模型上色

评断一个模型的好坏，除了打印的精细度之外，就看它的上色了。上色这个环节可以说是除了设计之外最有趣的步骤了。除了可以选择图片作为参考进行还原，还可以根据自己的喜好进行创作。协调细致的上色有时能够挽救一个有瑕疵的模型，当然失败的上色也能毁掉之前所有的努力。丙烯颜料是最容易接触到的颜料，它价格便宜、颜色多样且方便调色，对于新手来说更容易上手。但如果想用丙烯颜料对模型进行整体上色的话，想要得到平滑均匀的上色效果就需要下点功夫了，所以大面积的上色不建议使用丙烯颜料。

技能训练　阶梯轴类零件模型后处理

一、实训目的

(1) 掌握轴类零件支撑的去除方法。

(2) 掌握轴类零件模型打磨、抛光、上色等。

二、实训器材

实训器材要求如表 2-3 所示。

表 2-3 轴类零件模型后处理实训器材表

实训器材	数量
小镊子	1个
斜口钳	1个
手套	1副
小铲子	1个
砂纸	若干

三、注意事项

(1) 严格按要求规范操作。

(2) 实训平台要求整洁，注意用电安全。

四、实训操作

(一) 去除支撑

打印结束后，如果强行取下成品，则可能造成成品变形或者手部灼伤，强行掰掉会损坏平台精度。此时，应待机器打印空间冷却几分钟后再用配置的工具取下成品。首先从打印机上取下打印平台(包括打印好的阶梯轴模型)，戴好手套，找到模型的起脚点，然后用小铲子沿同一方向从平台上铲下模型(如图 2-23 所示)，注意不要划伤模型，取下的模型如图 2-24 所示。

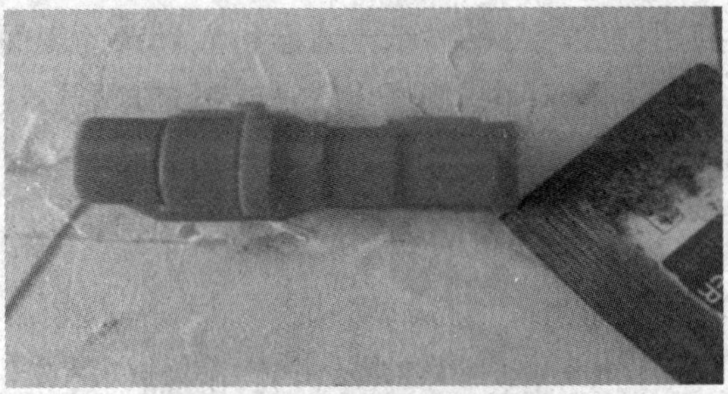

图 2-23 小铲子移出模型

图 2-24 取下的模型

对于一般的支撑，可用手小心去除，但注意不要划破手。较硬或较密集的支撑，则需用斜口钳或尖嘴镊子去除。

模型大体拆除后，如果还有部分残留，则可以用小锉刀刮干净，但不要用力过大以免损伤模型或者伤到手。去除基座如图 2-25 所示。图 2-26 所示为去除的废料。从图 2-27 和图 2-28 可以看出，添加基座的面有明显的“疤痕”，而未添加基座的面则光滑得多。

图 2-25　去除基座

图 2-26　去除的废料

图 2-27　去除添加基座的模型面

图 2-28　未添加基座的模型面

(二) 打磨抛光

先选用 200# 的砂纸对模型进行第一遍打磨。打磨时一般用四指和手掌按住砂纸，拇指夹住砂纸，顺着模型的纹路进行打磨，如图 2-29 所示。为便于打磨，也可以将砂纸剪成细长条，分别对阶梯轴的不同台阶面进行打磨，如图 2-30 所示。

阶梯轴的键槽和轴颈等部位，由于尺寸较小，打磨时需要小心，动作要轻，以免使模型发生变形。

由于砂纸的砂粒容易脱落，而脱落下来的砂粒可能会对模型本身造成损坏，因此需要及时用小刷子清理干净模型表面。

用 200# 的砂纸打磨过第一遍后，就可以换用更大一号的砂纸，直至得到满意的表面质感。打磨抛光后得到的模型如图 2-31 所示。从图 2-31(a)我们可以发现，经过打磨后，添加基座的面的表面质感明显好于未打磨之前的(图 2-27)。

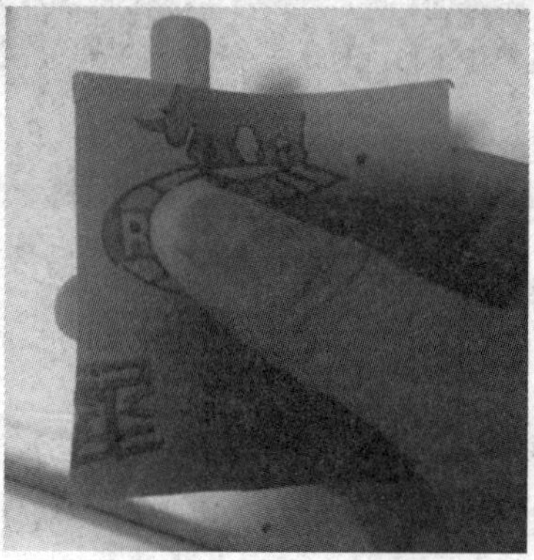

图 2-29　200# 砂纸打磨

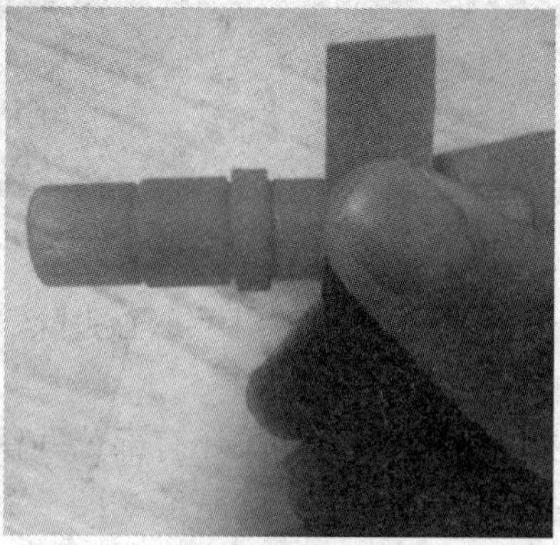

图 2-30　砂纸剪成细长条打磨

图 2-31　打磨后添加基座的模型面

在选择打印模式时，读者可以分别设置【精细】或【细腻】打印模式，将其与【标准】打印模式打印出来的阶梯轴模型的精度作对比，观察有何不同。

五、实训考核

根据实训完成情况进行考核，考核表如表 2-4 所示。

表 2-4　轴类零件模型后处理考核表

班级		姓名		扣分记录	得分
项目	考核要求	分值	评分细则		
整体结构的完整性	无缺料	15 分	缺料明显，扣 15 分		
表面翘曲度	无翘曲	5 分	严重翘曲，扣 5 分		
表面阶梯效应	无阶梯效应	25 分	阶梯超过误差范围，扣 25 分；		
支撑去除	支撑去除彻底	35 分	(1) 支撑去除不彻底，扣 15 分； (2) 去除支撑方法不当，扣 10 分		
安全文明操作	(1) 安全用电，未人为损坏元器件及工具； (2) 保持环境整洁，操作习惯良好； (3) 不迟到、不早退、不旷课	20 分	(1) 违反操作规程，每次扣 10 分； (2) 环境不整洁，扣 10 分		
总　分					

项　目　小　结

通过本实训项目，读者应重点理解和掌握以下理论和技能。

(1) FDM 桌面级打印机的设置要点。
(2) 能正确合理设置打印参数。
(3) 会添加和去除支撑。
(4) 能够熟练地对模型进行打磨抛光。

思考与练习

1. 试分析极速、快速、标准、精细、细腻五种打印模式的不同点。
2. 根据图 2-32 完成齿轮轴的 3D 打印和后处理。

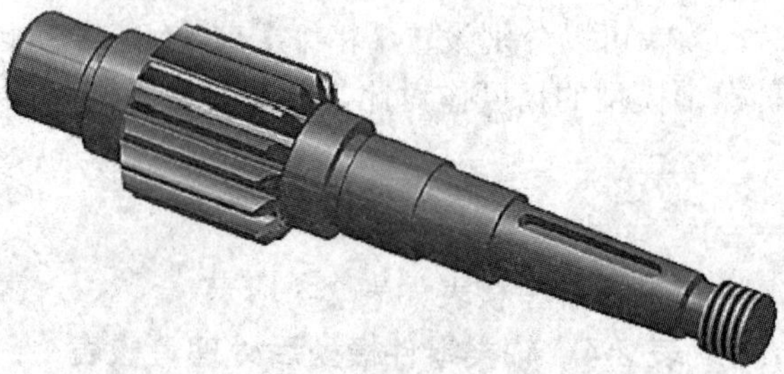

图 2-32　齿轮轴

实训项目三　箱体类零件打印及模型后处理

项目分析

箱体类零件是机器或部件中常见的一种零件，它将机器或部件中的齿轮、套、轴等相关零件组装成一个整体，使之保持正确的位置，并按照一定的传动关系协调地传递动力或运动。箱体类零件结构相对复杂，壁薄且壁厚不均，通常有很多装配孔，大部分又为轴承的支撑孔，加工精度要求较高。本项目以减速器上箱盖为载体，实现模型的打印。模型打印后去除模型基座和支撑，然后根据要求对模型进行一些后期处理。

本项目需要完成以下任务：

(1) 箱体类零件打印。

(2) 箱体类零件模型后处理。

知识目标

(1) 了解打印参数的设置方法。

(2) 掌握箱体类零件支撑的添加方法。

(3) 掌握箱体类零件模型的后处理方法。

能力目标

(1) 掌握模型打印前的相关参数设置。

(2) 掌握箱体类零件的摆放要领。

(3) 掌握箱体类零件支撑的添加方法。

(4) 掌握箱体类零件基座与支撑剥离的方法。

任务一　箱体类零件打印

任务目标

对模型进行参数设置之前需要观察模型的形状，以便准确判断该模型是否需要添加支撑进行打印。此外，还需要考虑模型是空心还是实体，是追求打印的速度还是打印的精度，采用什么颜色的材料打印等。切片完成后即可开始打印，这时需要检查打印机是否具备打印条件，例如，打印平台是否校准，打印喷头出丝是否顺畅，温度设置是否合理等。本任务是根据减速器上箱盖的工程图(如图 3-1 所示)，完成模型格式转换、打印参数设置、支撑添加、模型打印及后处理等操作。

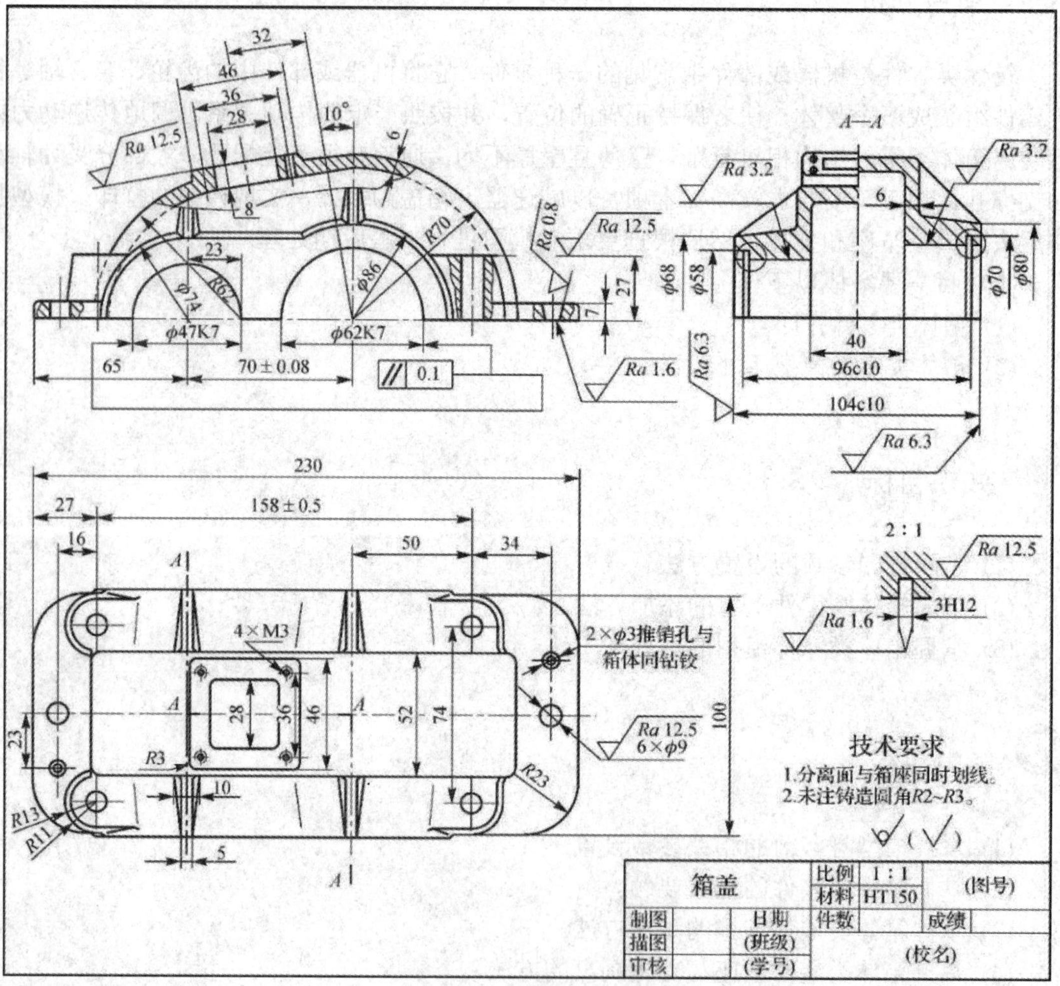

图 3-1　上箱盖工程图

知识链接

一、UG NX 建模软件

UG NX(Unigraphics 的简称)是 Siemens PLM Software 公司出品的一个产品工程解决方案，它为用户的产品设计与加工过程提供了数字化造型和验证手段。UG NX 针对用户的虚拟产品设计和工艺设计的需求，提供了经过实践验证的解决方案，也是当今世界最先进的计算机辅助设计、分析和制造软件之一，广泛应用于航空航天、汽车、造船等领域。UG NX 是一个交互式的计算机辅助设计(CAD)、计算机辅助工程(CAE)和计算机辅助制造(CAM)系统，它具备了当今机械加工领域所需的大多数工程设计和制图功能。UG NX 是一个全三维、双精度的制造系统，使用户能够比较精确地描述任何几何形体，通过对这些形体的组合，就可以对产品进行设计、分析和制图。

与阶梯轴不同，上箱盖属于结构件。减速器上箱盖的结构形状比较复杂，加工的表面多。传统的加工方法是铸造、清砂、热处理、铣、钻、镗、检验等。由此可见，采用传统的加工方法工序繁多，每一道工序都需要机床、夹具、刀具、量具等。传统加工方法工作效率低，劳动强度大。而 3D 打印可以适应各种零件的加工，实现产品的一体化制造。

二、FDM 打印参数的设置

FDM 打印机能够识别的 G Code 或者 X 3G 格式的文件中包含的是一些打印机如何进行打印的操作信息，如每一层的成型区域是怎样的，一共打印多少层，使用什么材料打印，平台和喷头的温度是多少，打印的速度和精度是多少，是否有打印支撑或者基座，如何打印支撑等信息。FDM 打印机的类别主要包括 Peprap Prusa i3 系列、Makebot 系列以及三角洲系列三种。每一种打印机的结构都有所差别，有的打印机需要详细设置信息，有的打印机只需要设置部分信息，因为其本身的操作系统就能够进行设置。

技能训练　减速器上箱盖打印

一、实训目的

(1) 掌握箱体类零件的摆放要领。
(2) 掌握支撑的添加与去除方法。

二、实训器材

实训器材要求如表 3-1 所示。

表 3-1　箱体类零件打印实训器材表

实 训 器 材	数　量
计算机	1 台
便携式 FDM 打印机	1 台
PLA 线材	若干

三、注意事项

(1) 实验平台要求整洁，注意用电安全。

(2) 使用打印机时，严格按规范操作。

四、实训操作

(一) 创建三维模型

根据图 3-1 可知，目标零件属于箱体类零件。首先，通过“拉伸”“加强筋”等命令创建“添加材料”特征。其次，通过“孔”“拉伸”“螺纹孔”等命令创建“去除材料”特征。最后，通过“阵列”“倒圆角”等命令得到目标零件的三维模型。具体建模步骤如下：

1. 启动 UG NX 软件，新建文件

双击“”图标，启动 UG NX 8.5 软件，点击“文件”—“新建”，选择文件类型为“建模”，点击“确定”按钮(如图 3-2 所示)，进入绘图界面。

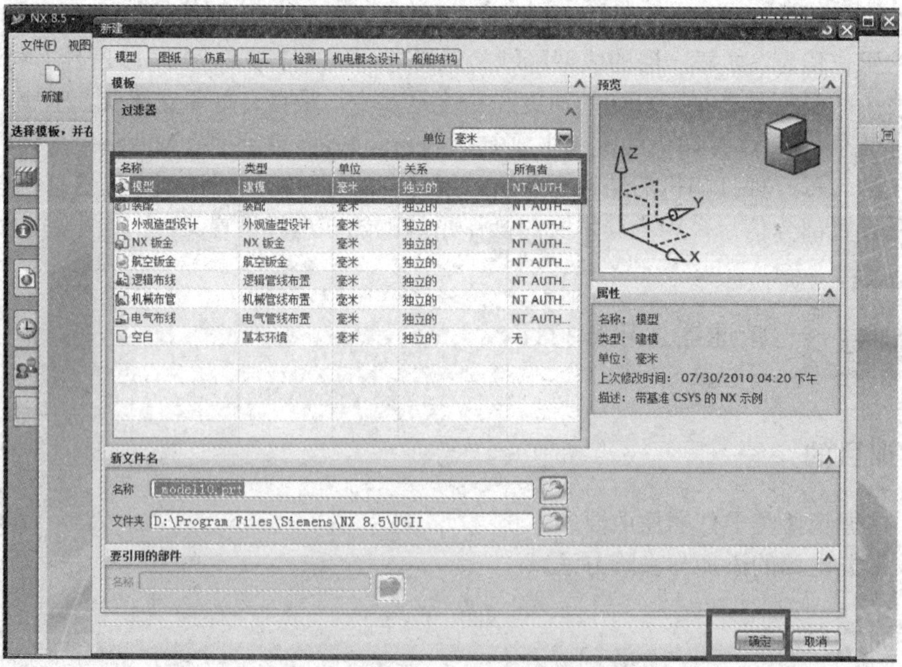

图 3-2　新建零件

2. 创建“添加材料”特征

点击特征选项卡中的“”图标，进入拉伸命令界面。选择合适的基准面作为绘制“添加材料”特征的平面，进入草图环境，绘制截面，如图 3-3 所示。点击绘图区左下角的“完成草图”图标退出草图。在“拉伸”对话框中，设置“开始距离”为“0 mm”，“结束距离”为“104 mm”，具体拉伸参数设置如图 3-4 所示。点击“<确定>”按钮，创建的“拉伸”特征如图 3-5 所示。

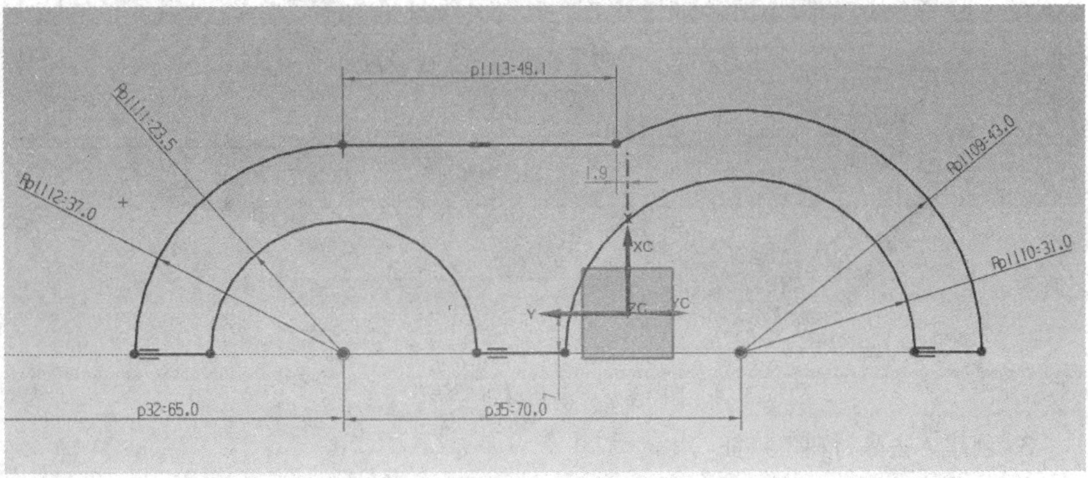

图 3-3　拉伸截面图

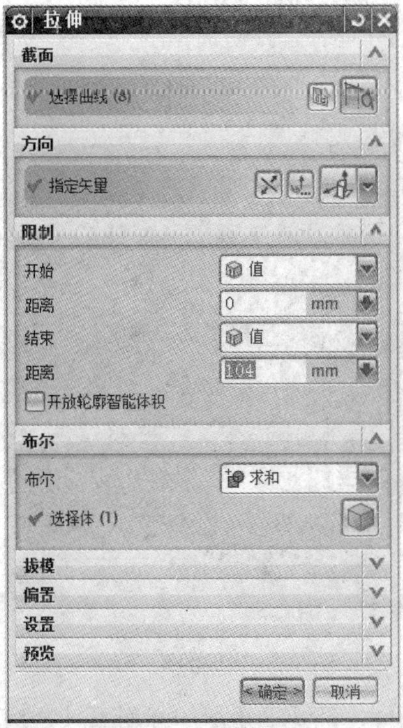

图 3-4　拉伸参数设置

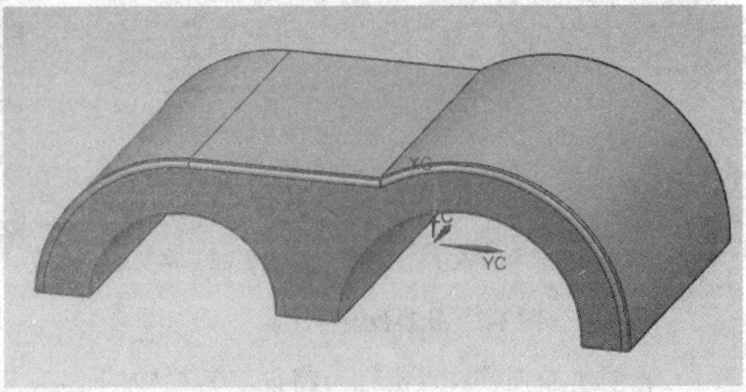

图 3-5　创建的“拉伸”特征

其他“添加材料”特征的创建方法与上述步骤基本相同。只是在拉伸时选取的基准面、绘制的二维截面、拉伸的参数有所不同，读者可根据图 3-1 的上箱盖工程图自行完成，最终效果如图 3-6 所示。

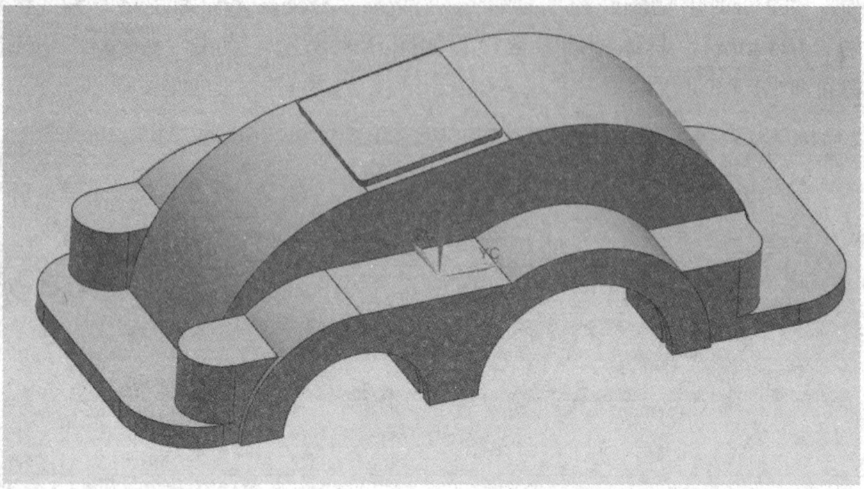

图 3-6　“添加材料”特征

3. 创建“去除材料”特征

(1) 创建“孔”特征。点击细节特征工具栏中的“ ”图标，打开孔工具栏操控板，选择上一步创建的“添加材料”特征的上表面作为基准平面，指定点(即孔心)为上表面的圆心，参数设置如图 3-7 所示。点击“< 确定 >”按钮，生成的孔如图 3-8 所示。

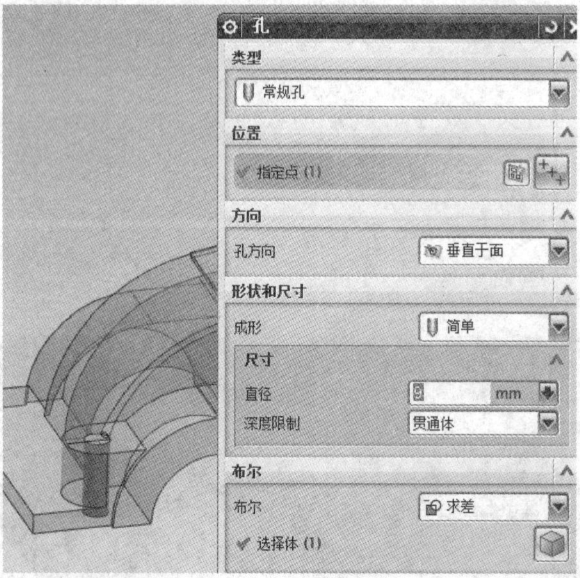

图 3-7　孔参数设置

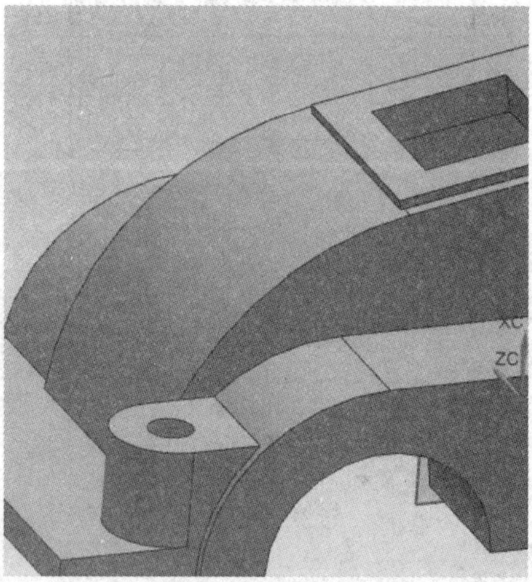

图 3-8　生成的孔

(2) 创建加强筋。点击细节特征工具栏中的“ ”图标，打开三角形加强筋工具栏操控板，分别选择第一组面和第二组面，并设置距离和其他参数，点击“< 确定 >”按钮，生成的三角形加强筋如图 3-9 所示。

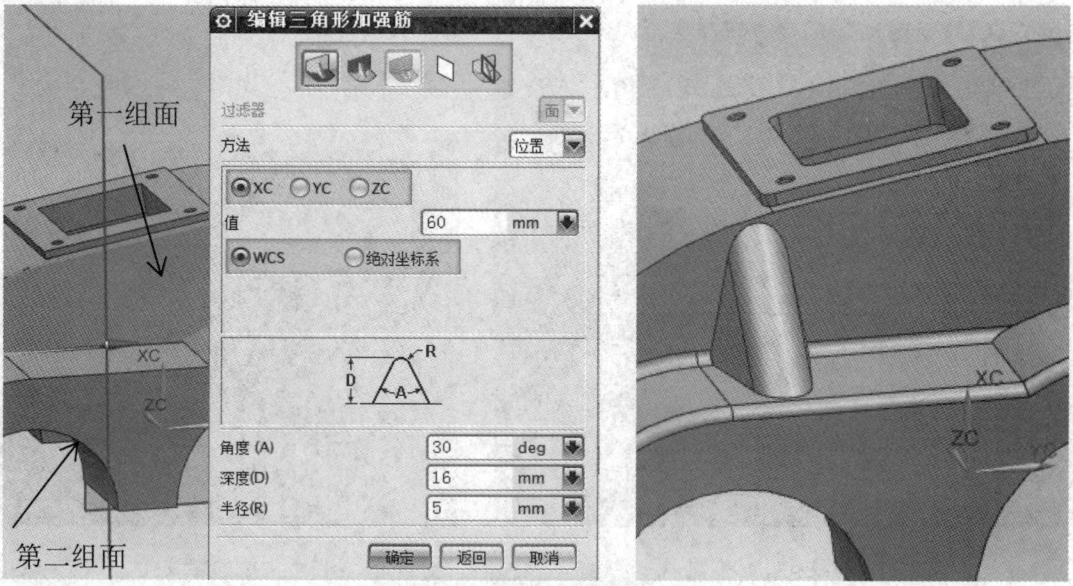

图 3-9 创建加强筋

(3) 创建螺纹孔。点击细节特征工具栏中的“”图标，打开孔工具栏操控板，将孔类型定义为“螺纹孔”，选定基准平面，参数设置如图 3-10 所示，点击“”按钮进入草图，绘制四个点，并对四个点的位置进行定位，如图 3-11 所示。完成后，退出草图，点击“< 确定 >”按钮，生成的螺纹孔如图 3-12 所示。

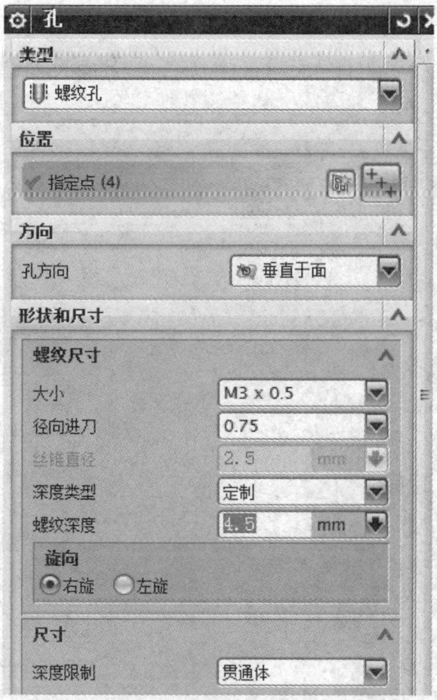

图 3-10 螺纹孔参数设置

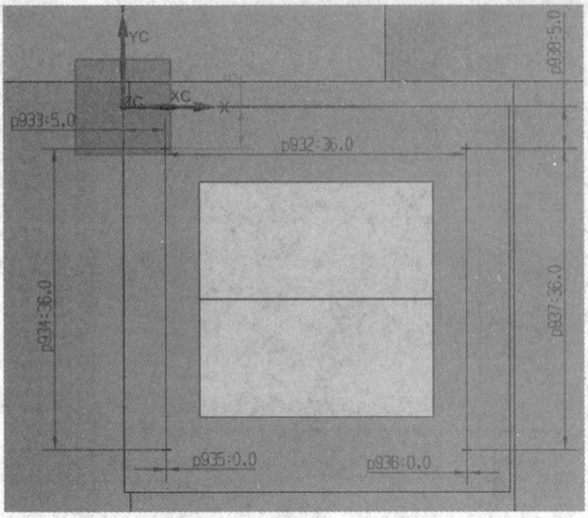

图 3-11　螺纹孔孔心位置

图 3-12　生成的螺纹孔

4. 创建“阵列”特征

点击细节特征工具栏中的“ ”图标，打开阵列特征工具栏操控板，选择上一步创建的“孔”特征作为阵列对象，阵列方式为矩形阵列，阵列方向 1 为 X 轴，阵列方向 2 为 Z 轴，其他参数设置如图 3-13 所示。点击“ ”按钮，生成的“阵列”特征如图 3-14 所示。

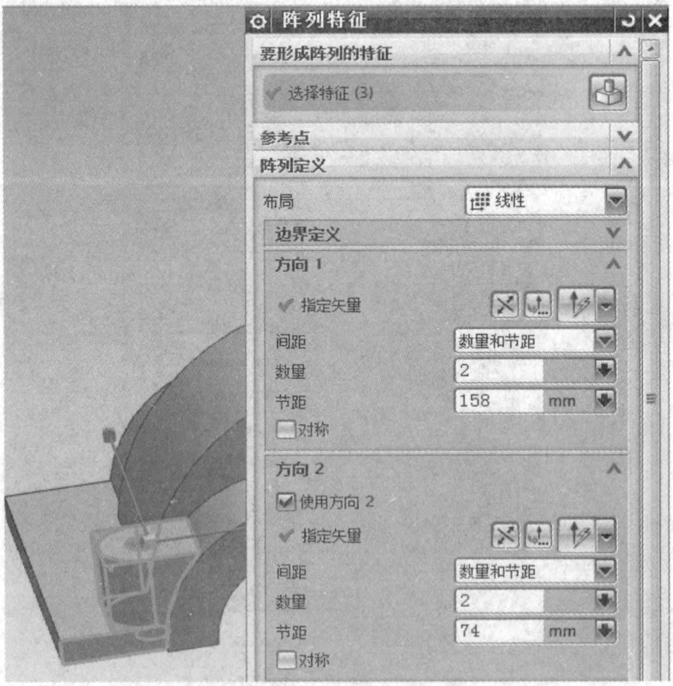

图 3-13　阵列参数设置

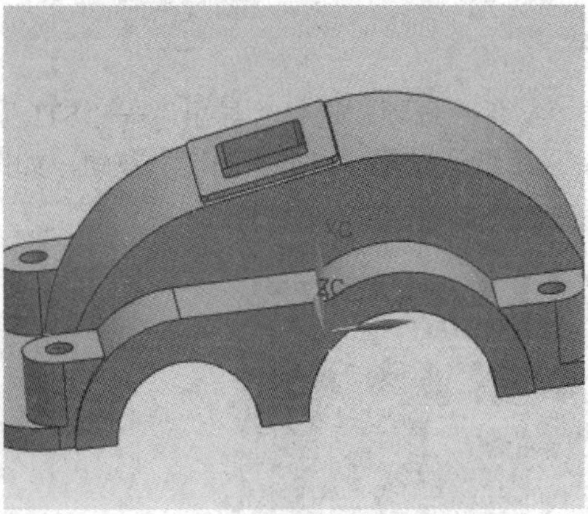

图 3-14 “阵列”特征

5. 创建“边倒圆”特征

点击细节特征工具栏中的“ ”图标，打开边倒圆工具栏操控板，选择如图 3-15 所示的橙色边线，半径 1 设置为“2 mm”。点击“< 确定 >”按钮，生成的边倒圆如图 3-16 所示。

至此，减速器上箱盖绘制完成，效果如图 3-17 所示。

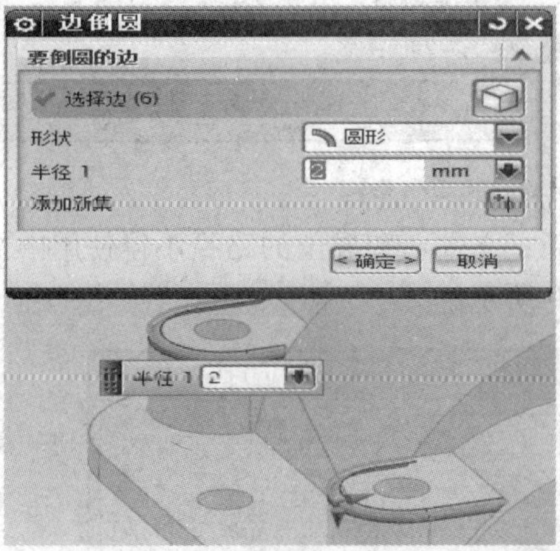

图 3-15 边倒圆参数设置

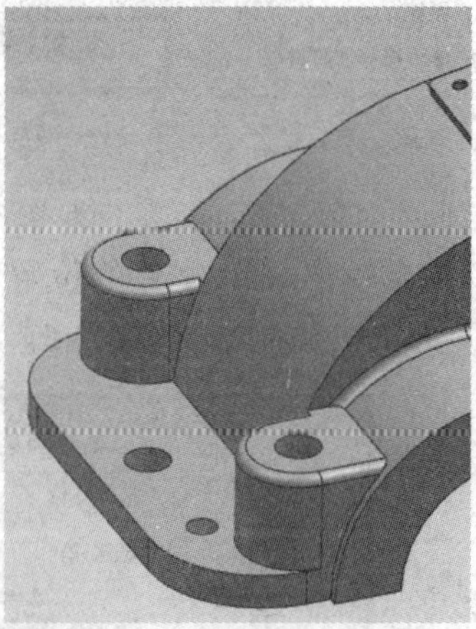

图 3-16 “边倒圆”特征

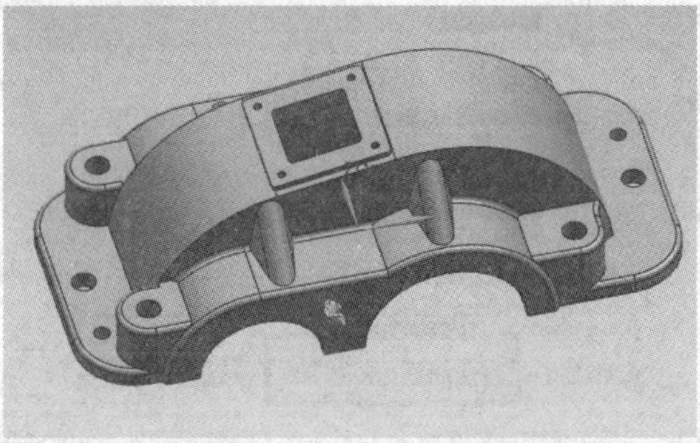

图 3-17 减速器上箱盖三维模型

(二) 转换模型格式

(1) 点击工具栏中的“文件”选项，选择“导出”—“STL”选项，此时，会弹出一个“快速成型”对话框，采用默认设置，点击“确定”按钮，如图 3-18 所示。

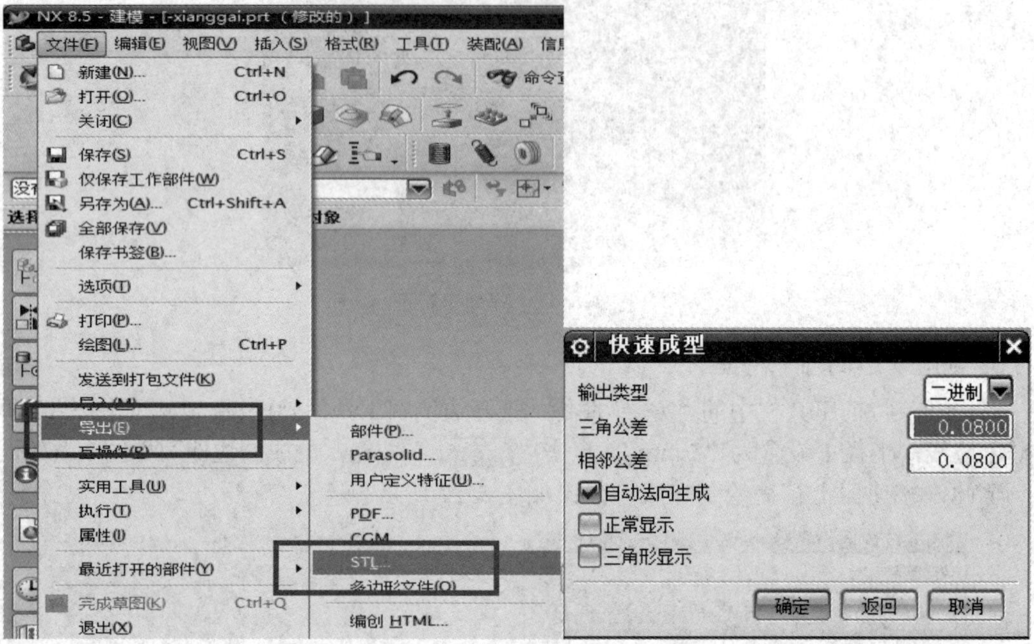

图 3-18　转换模型格式第一步

(2) 指定输出 STL 文件的位置和名称(注意：文件名和导出的路径不得使用中文)，“文件类型”为“立体制版文件(*.stl)”，如图 3-19 所示。

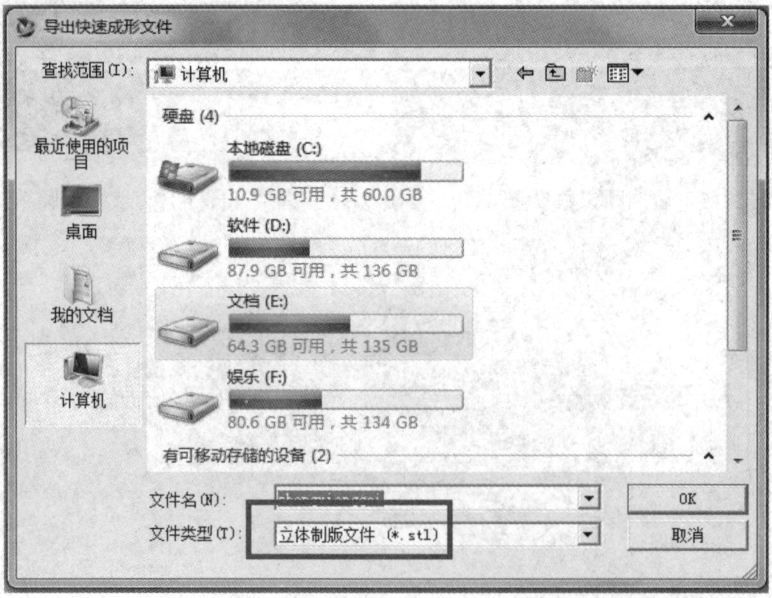

图 3-19　转换模型格式第二步

(3) 选择要导出的 STL 实体模型(只能是曲线、实体，片体、曲面都不行)，用鼠标选择创建好的模型，如图 3-20 所示。最终转换成 STL 格式的模型如图 3-21 所示。

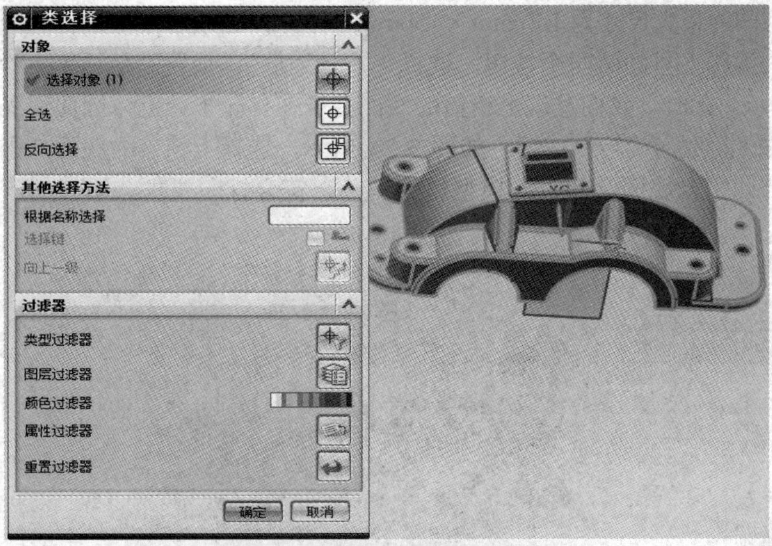

图 3-20　转换模型格式第三步

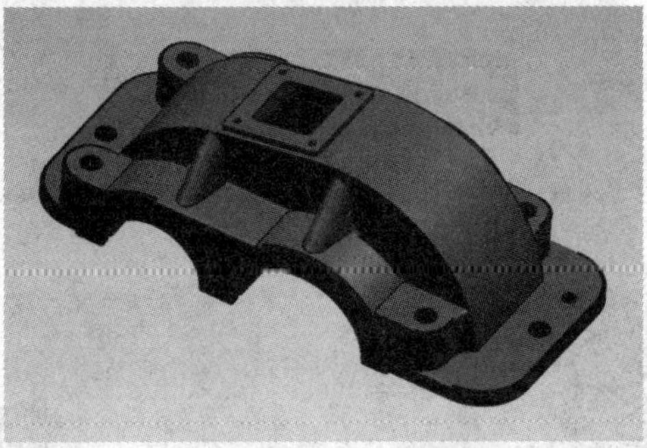

图 3-21　转换后的 STL 模型

(三) 导入模型

将转换后的 STL 文件导入 3dStar 切片软件，如图 3-22 所示。

图 3-22　导入的模型

如果导入后的模型呈暗灰色，则说明模型不符合打印状态，必须对模型进行修改。从图 3-1 可知，上箱盖长度方向的尺寸为 230 mm，宽度方向的尺寸为 100 mm。而本实训采用的打印机能够打印的最大尺寸为 150 mm × 150mm，因此，必须对模型进行适当的缩放才能正常打印。点击视图下方的第四个按钮，选择“三轴缩放”，设置缩放比例为“60%”即可，如图 3-23 所示。此时，我们发现上箱盖的底面并未在打印平台上，因此，需要通过旋转操作实现。点击“拾取面旋转”按钮，如图 3-24 所示，选择上箱盖的底面，则上箱盖的底面会自动紧贴打印平台底面，此时，模型呈亮白色，符合打印要求。最终摆放好的模型如图 3-25 所示。

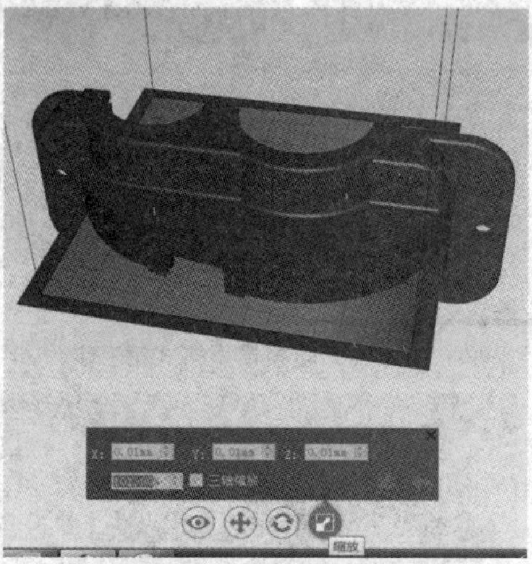

图 3-23　模型缩放

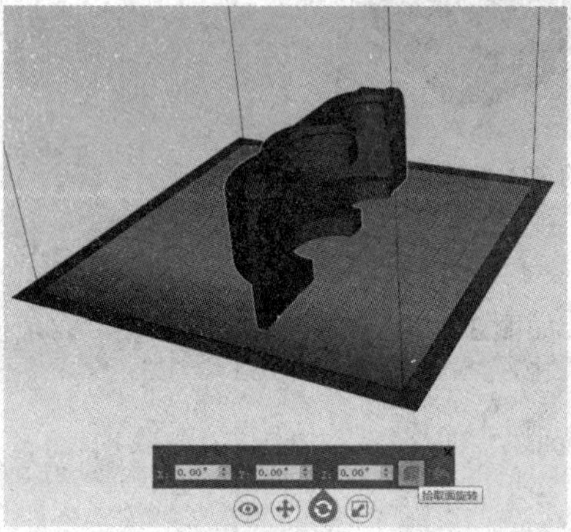

图 3-24　拾取面旋转

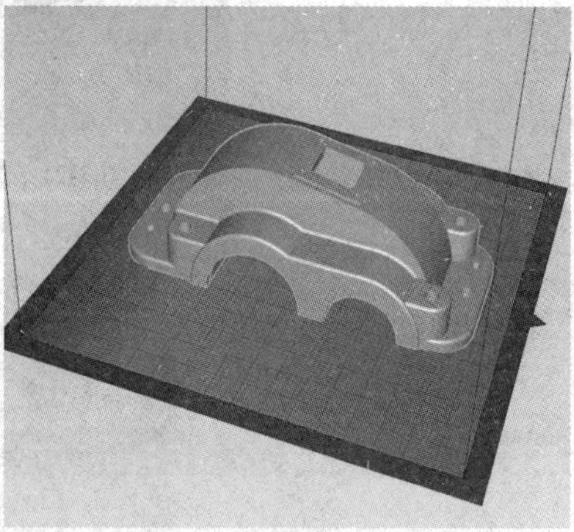

图 3-25　最终摆放好的模型

(四) 设置打印参数

模型位置设置好之后，开始设置打印参数。与阶梯轴相比，上箱盖精度要求相对较低，因此设置为一般精度即可满足使用要求。点击右上角的“齿轮”按钮，打开“设置”菜单。从上箱盖的整体结构来看，并无内部悬空结构，因此无需设置内部支撑。如果模型两侧的装配孔不设置支撑，则在打印时极易发生塌陷变形。因此，“打印模式”设置为“快速”，打印“参数”设置为“外部支撑”和“添加基座”，“剥离系数”设置为“2.3”，“挤出温度”设置为“200℃”，如图 3-26 所示。

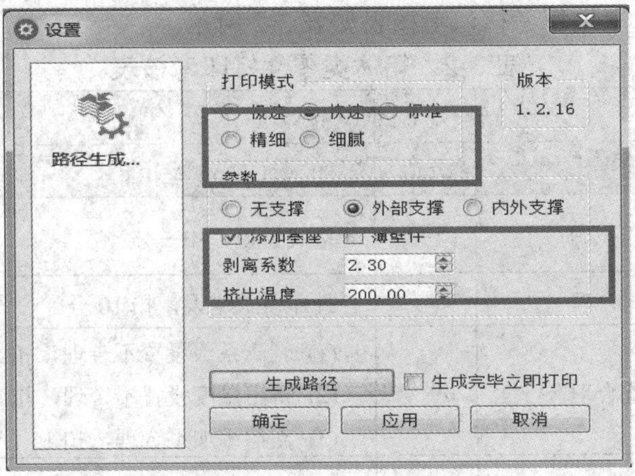

图 3-26　打印参数设置

(五) 生成打印路径

点击“生成路径”按钮，勾选“生成完毕立即打印”复选框，生成路径后直接进入打印环节，生成的打印路径如图 3-27 所示。通过“路径查看器”我们发现打印层数共计 175 层。路径生成后喷嘴开始升温，当温度达到设定的温度 200℃时，打印工作正式开始，此时可以点击“打印状态”，弹出“打印状态”对话框，如图 3-28 所示。打印过程中的模型如图 3-29 所示。待最后一层打印结束，则模型打印完成。打印好的模型如图 3-30 所示。

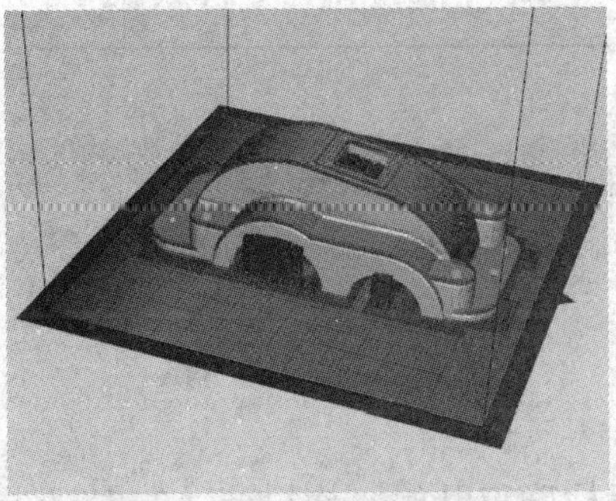

图 3-27　生成的打印路径

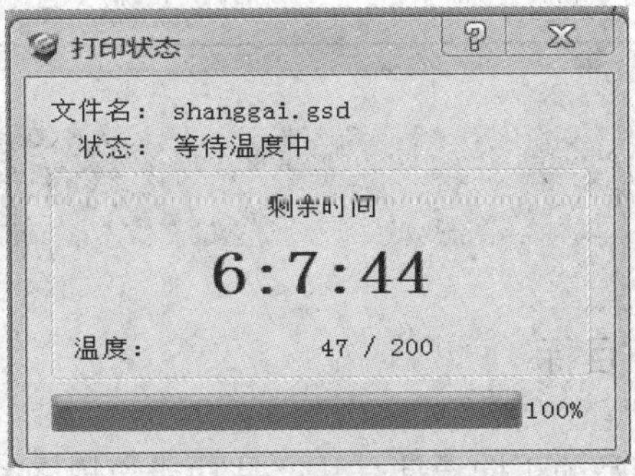

图 3-28　“打印状态”对话框

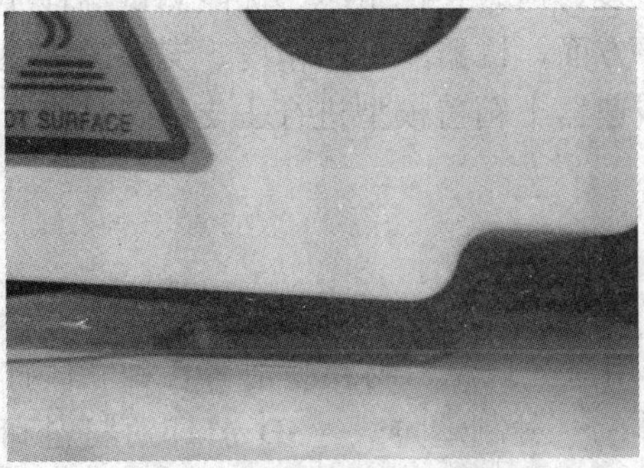

图 3-29　打印过程中的模型

图 3-30　打印好的模型

五、实训考核

根据实训完成情况进行考核，考核表如表 3-2 所示。

表 3-2　箱体类零件打印考核表

班级		姓名		扣分记录	得分
项目	考核要求	分值	评分细则		
模型格式转换	转换格式正确	5 分	格式错误，扣 5 分		
打印模式	打印模式合理	10 分	打印模式错误，扣 10 分		
打印参数设置	参数设置合理	30 分	(1) 剥离系数设置不合理，扣 5 分； (2) 挤出温度设置不合理，扣 10 分； (3) 支撑添加不合理，扣 15 分		
模型位置与尺寸	能够正常打印	35 分	(1) 模型位置不合理，扣 15 分； (2) 模型尺寸不合理，扣 20 分		
安全文明操作	(1) 安全用电，未人为损坏元器件及工具； (2) 保持环境整洁，操作习惯良好； (3) 不迟到、不早退、不旷课	20 分	(1) 违反操作规程，每次扣 10 分； (2) 环境不整洁，扣 10 分		
总　分					

任务二　箱体类零件模型后处理

任务目标

产品的正向设计是从产品功能与规格的预期指标确定开始，构思产品的零部件需求，再由各个元件的设计、制造以及检验零部件组装、检验整机组装、性能测试等程序来完成的。一方面，转换模型文件会产生误差；另一方面，机器的打印精度、支撑的去除都会影响到最终模型的质量。本任务是对打印好的减速器上箱盖模型进行去支撑、打磨、抛光等后处理，以满足美学外观要求和使用要求。

知识链接

3D 打印是指借助三维数字模型设计，使用激光烧结、材料喷射等各种立体打印技术实现原料层层沉积叠加，并最终成为成型物体的一种制造方式。3D 打印对材料利用率的提高源于产品设计和制造工艺两个方面的技术优势。就产品设计而言，3D 打印给予产品形状充分的设计自由度，设计者可以使用传统加工工艺无法实现的几何结构(如晶格、支架、蜂巢等)来减少原材料的损耗。就制造工艺而言，由于 3D 打印采用“增材制造”的技术路径，因此从理论上来讲这种生产方式几乎不会产生任何废料，但由于制造工艺的精度误差和部分产品加工过程中所需要的支撑结构，仍然会有原料损耗。而相比机械加工，这种原料损耗已经显得微乎其微。在传统机械加工工艺条件下，产品结构的复杂程度越高，通常意味着需要从最初材料原型中剔除的部分也会越多，原料的利用率就越低。

3D 打印主要包括扫描、建模、打印和后处理四个步骤。模型打印完成之后只能算是半成品，一般会有毛刺或者粗糙的截面，因此需要对模型进行后处理，如固化处理、打磨、抛光、上色等。目前，绝大多数公司采用的后处理方法以机械打磨、抛光为主。因此，本任务针对打印好的上箱盖模型做打磨、抛光处理。

技能训练　减速器上箱盖模型后处理

一、实训目的

(1) 掌握箱体类零件支撑的去除方法。
(2) 掌握箱体类零件模型的打磨、抛光方法。

二、实训器材

实训器材要求如表 3-3 所示。

表 3-3　箱体类零件模型后处理实训器材表

实训器材	数　量
镊子	1 个
斜口钳	1 个
手套	1 副
小铲子	1 个
砂纸	若干

三、注意事项

(1) 严格按要求规范操作。
(2) 不要划伤手和模型。
(3) 实训平台要求整洁，注意用电安全。

四、实训操作

(一) 去除支撑

首先，从打印机上取下打印平台。然后，用小铲子沿同一方向从平台上铲下模型，注意不要划伤模型。减速器上箱盖结构相对复杂，支撑材料较多，因此去除支撑时要有先后。对于一般的支撑，先用手小心去除，但不要划破手。对于较硬或较密集的支撑，用斜口钳、尖嘴镊子去除。去除支撑的过程如图 3-31～图 3-34 所示。

图 3-31　去除底部基座

图 3-32　去除侧面支撑

图 3-33　找准起脚点

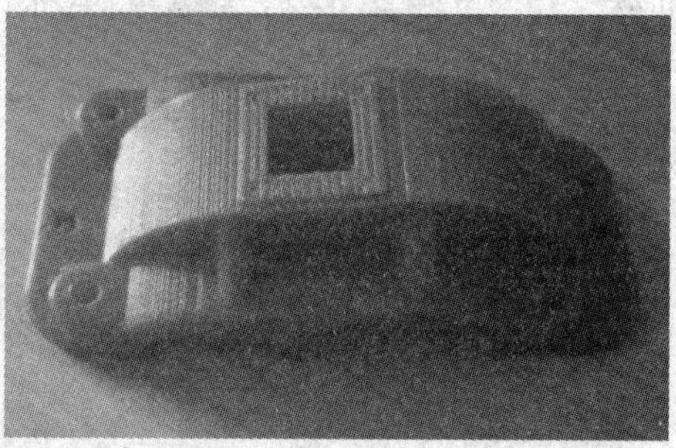

图 3-34　去除支撑后的模型

(二) 打磨、抛光

先选用 200# 的砂纸进行第一遍打磨。打磨时一般用四指和手掌按住砂纸，拇指夹住砂纸，顺着模型的纹路进行打磨。打磨至模型的转角或者棱角处时，需要小心，动作要轻，以免模型发生变形。由于砂纸的砂粒容易脱落，脱落下来的砂粒可能会对模型本身造成损坏，因此，需要及时用小刷子把砂粒清理干净，直到表面平整光滑为止。

用 200# 的砂纸打磨过第一遍后，依次更换 400#、600#、1000# 的砂纸进行打磨。打磨方法与 200# 砂纸打磨方法一致，直至得到满意的表面质感。

打磨、抛光后得到的模型底部及外表面分别如图 3-35 和图 3-36 所示。

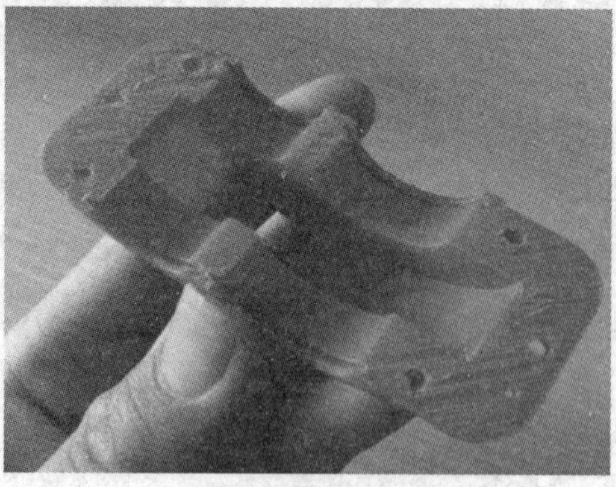

图 3-35　打磨好的模型底部

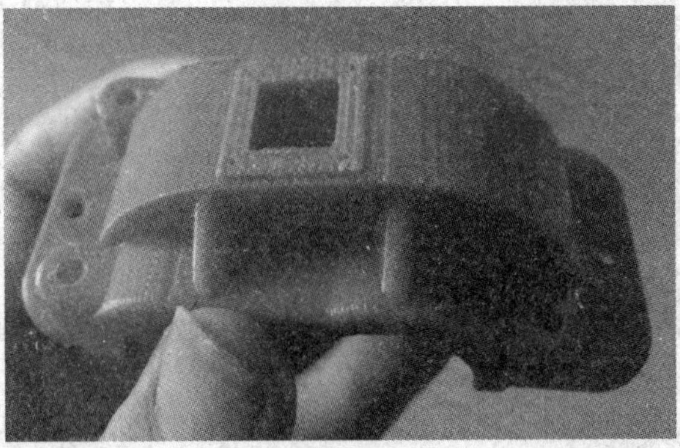

图 3-36　打磨好的模型外表面

五、实训考核

根据实训完成情况进行考核，考核表如表 3-4 所示。

表 3-4　箱体类零件模型后处理考核表

班级		姓名		扣分记录	得分
项目	考核要求	分值	评分细则		
整体结构的完整性	无缺料	15 分	缺料明显，扣 15 分		
表面翘曲度	无翘曲	10 分	(1) 严重翘曲，扣 6 分； (2) 中度翘曲，扣 4 分		
表面阶梯效应	无阶梯效应	25 分	阶梯超过误差范围，扣 25 分		
支撑去除	支撑去除彻底	35 分	(1) 支撑去除不彻底，扣 15 分； (2) 去除支撑方法不当，扣 20 分		
安全文明操作	(1) 安全用电，木人为损坏元器件及工具； (2) 保持环境整洁，操作习惯良好； (3) 不迟到、不早退、不旷课	15 分	(1) 违反操作规程，每次扣 10 分； (2) 环境不整洁，扣 5 分		
总　分					

项目小结

通过本实训项目，读者应重点理解和掌握以下理论与技能：

(1) 掌握 FDM 桌面级打印机的设置要点。

(2) 能正确合理地设置打印参数。

(3) 会添加和去除支撑。

(4) 能够熟练地对模型进行打磨、抛光。

思考与练习

1. 本项目的减速器上箱盖在打印时，如果采用其他摆放方法(例如侧面作支撑面)，则最终产品的质量如何？

2. 根据图 3-37 完成减速器下箱盖的三维建模、3D 打印和后处理。

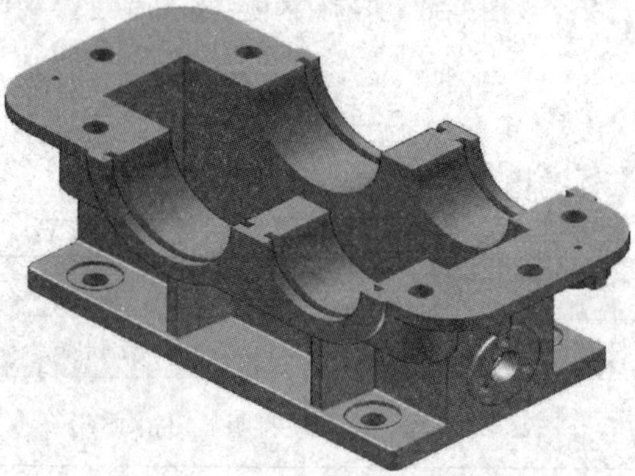

图 3-37　减速器下箱盖

实训项目四　标准件打印及模型后处理

项目分析

在许多机器和设备上，经常用到螺栓、螺钉、螺母等各种不同的零件。这些零件应用范围广、使用量大，为降低成本和提高质量，国家对这类零件要求实行全部或部分标准化。标准件在许多设备和机器上应用频率很高。那么新技术飞速发展的今天，如何用 3D 打印技术成型标准件？标准件打印过程中需注意的问题是什么？标准件产品如何进行后处理等都是必须解决的问题。本项目以标准件中的紧固件为例，通过部分紧固件的打印和模型后处理的练习，使读者全面掌握标准件的 3D 打印流程。

本项目需要完成以下任务：

(1) 利用桌面级 3D 打印机(FDM)完成部分标准件的打印。

(2) 标准件模型后处理。

知识目标

(1) 掌握标准件的定义及作用。

(2) 掌握标准件打印时参数设置的注意事项。

(3) 熟悉标准件的后处理方法。

能力目标

(1) 能区分各类标准件并能合理运用。

(2) 能完成标准件的 3D 打印流程。

(3) 能采用适当方法处理打印后的标准件，提高产品质量。

任务一　标准件打印

任务目标

相比轴类、箱体类零件的 3D 打印，标准件需要满足与其他零件一样的装配要求和一定的精度要求。因此，标准件打印时应重点关注打印质量，特别是形状精度、尺寸精度及产品精度等。本任务要求学生掌握标准件的 3D 打印方法。

知识链接

一、标准件

标准件是指结构、尺寸、画法、标记等各个方面已经完全标准化，并由专业工厂生产的常用零(部)件，如螺纹件、键、销、滚动轴承等。广义标准件包括紧固件、连接件、传动件、密封件、液压元件、气动元件、轴承、弹簧等机械零件。本项目以六角螺母和外六角螺栓两个紧固件为例，学习标准件的 3D 打印方法。

二、三维模型的获取

三维模型的获取有正向设计和逆向设计两种手段。结合学生之前的学习情况，为简化操作，本项目选用 UG NX 软件获取标准件的三维模型。在使用 UG NX 进行设计的时候，标准件不需要自己建模，而是直接调用 UG NX 的重用库即可。本项目采用 UG NX 8.5 获得标准件的三维模型。

另外，不同的数据模型由不同的数据格式进行表达。由 UG NX 软件获得的零件格式为 prt 格式，不能被 3D 打印制造系统识别，因此模型创建好后，需转换为打印机能接受的 STL 格式的数据模型。

技能训练　紧固件 3D 打印

一、实训目的

(1) 掌握标准件的 3D 打印流程。
(2) 熟悉标准件 3D 打印的参数设置。

二、实训器材

实训器材要求如表 4-1 所示。

表 4-1　标准件打印实训器材表

实 训 器 材	数　量
计算机	1 台
便携式 FDM 打印机	1 台
PLA 线材	若干

三、注意事项

(1) 实验平台要求整洁，注意用电安全。
(2) 使用打印机时，严格按规范操作。

四、实训操作

(一) 六角螺母的3D打印

1. 六角螺母三维模型的获取及数据处理

(1) 双击“ ”图标打开UG软件。

(2) 创建文件。点击菜单栏“文件”—“新建”，设置模型名称和路径，按“确定”按钮完成新文件创建，如图4-1所示。

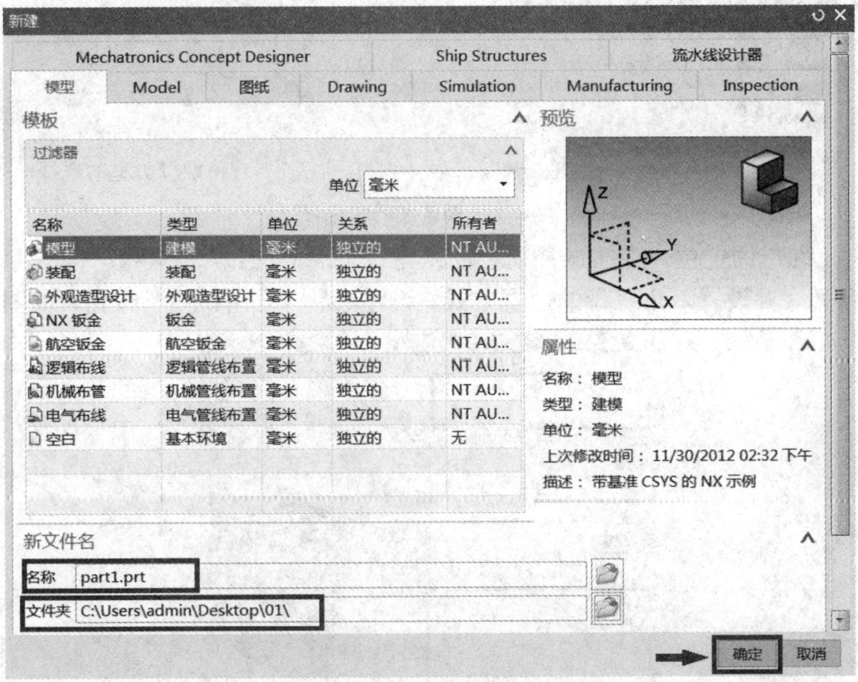

图4-1　创建新文件

(3) 开启装配模式。点击菜单栏“应用模块”—“装配”，如图4-2所示。

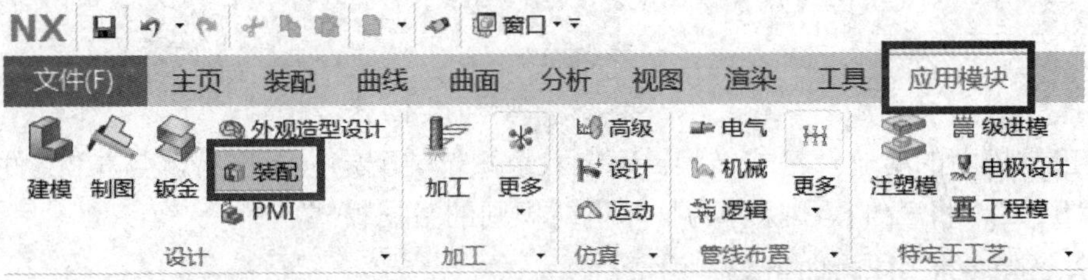

图4-2　开启装配模式

(4) 选取六角螺母。点击左侧“ ”重用库图标，选择国标零件“GB Standard Parts”，如图 4-3(a)所示；再选择“Nut”螺母图标，然后选择“Hex”六角螺母图标，在“成员选择”栏中双击需要选择的六角螺母类型，如图 4-3(b)所示。

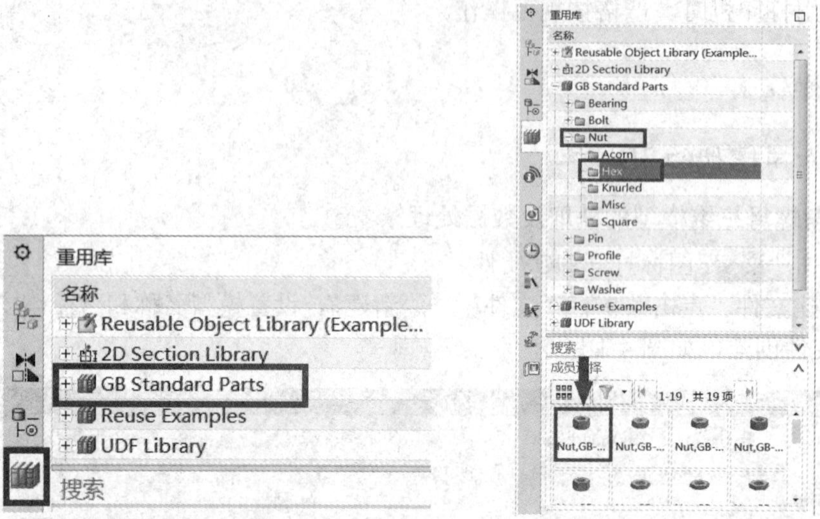

(a) 重用库示意图　　(b) 六角螺母类型的选择

图 4-3　六角螺母的选择

(5) 六角螺母的定位。双击选择需要的六角螺母后，通过“主参数”设置栏调整六角螺母相关参数，并设置六角螺母的放置方式，设置好后点击“确定”按钮，如图 4-4 所示。

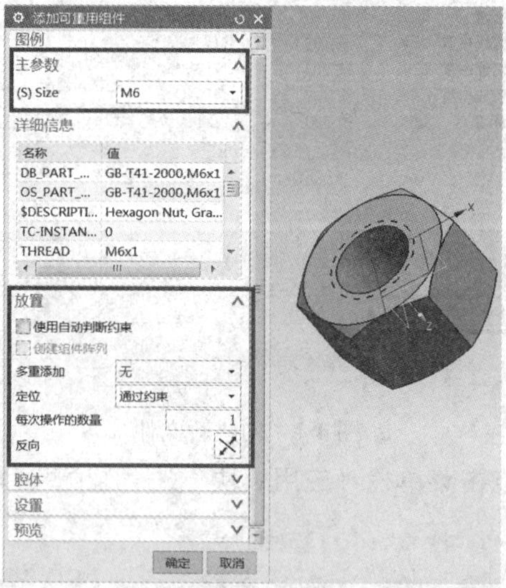

图 4-4　六角螺母的定位

(6) 三维模型的检验及格式转换。确定六角螺母装配定位无误后，点击“文件”—“导出”—“STL”，将三维模型保存为打印机能识别的数据模式。

2. 六角螺母的 3D 打印过程

(1) 按项目一所述方法安装并调试 3D 打印机，并完成进料工作。

(2) 打开 3dStar 软件，确定打印机与计算机连接就绪。

(3) 确定三维模型的摆放方位。打开 STL 格式的六角螺母三维模型。为保证打印质量，节约打印成本，将三维模型放置在打印平台中心，并调整模型摆放角度，如图 4-5 所示。

图 4-5　六角螺母摆放示意图

(4) 设置打印参数。综合考虑打印质量和打印时间，“打印模式”选择“标准”；按照图 4-5 摆放模型，制件成型过程中无需设置支撑，因此“参数”选择“无支撑”；为避免制件翘曲，补偿高度方向误差，在打印过程中选择“添加基座”。其余参数按 3dStar 软件操作规范设置。参数设置完成后点击“生成路径”，核对无误后点击“确定”退出，如图 4-6 所示。

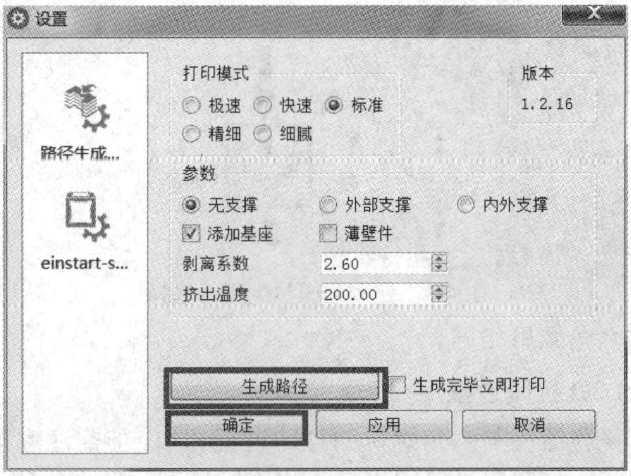

图 4-6　六角螺母打印参数的设置

(5) 打印六角螺母。点击导向区“ ”开始打印，并通过“ ”按钮检测打印状态及所需时间等。六角螺母打印成型过程如图 4-7 所示。

(a) 打印基底　(b) 打印过程中　(c) 打印完成

图 4-7　六角螺母的打印过程

(二) 外六角螺栓的 3D 打印

1. 外六角螺栓三维模型的获取及数据处理

外六角螺栓三维模型的获取和模型格式转换与六角螺母相似，仅第(4)步有细微差别。选取外六角螺栓时，先点击左侧“”重用库图标，选择国标零件“GB Standard Parts”；再选择螺丝“Bolt”图标，选择外六角螺栓“Hex Head”图标，在成员选择栏中双击需要选择的外六角螺栓类型，如图 4-8 所示。

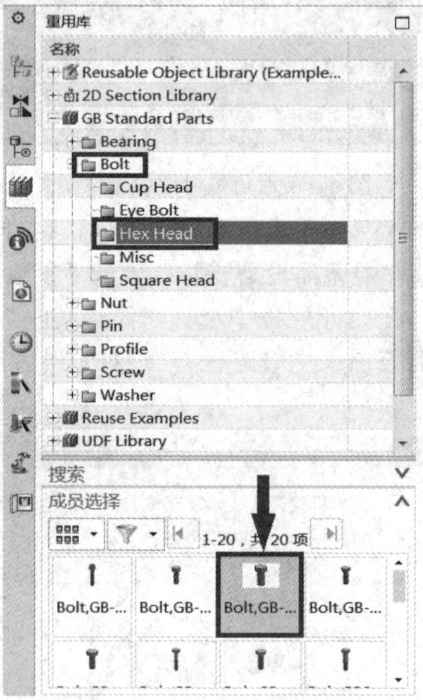

图 4-8 外六角螺栓类型的选择

其余操作步骤与六角螺母相同。

2. 外六角螺栓的 3D 打印过程

外六角螺栓打印操作流程与六角螺母的打印过程相似，但需注意第(3)步模型的摆放方位。综合考虑打印时间、打印质量等因素后，将三维模型放置在打印平台中心，并调整模型摆放角度，使之放置在如图 4-9 所示位置。

图 4-9 外六角螺栓摆放示意图

打印参数的设置与六角螺母的打印参数一致，详见图 4-6。

外六角螺栓打印的过程如图 4-10 所示。

(a) 打印基底　　(b) 打印过程中　　(c) 打印完成

图 4-10　外六角螺栓的打印过程

五、实训考核

根据实训完成情况进行考核，考核表如表 4-2 所示。

表 4-2　标准件打印考核表

班级		姓名		扣分记录	得分
项目	考核要求	分值	评分细则		
六角螺母的 3D 打印	能正确获取六角螺母的三维模型，并使用打印机打印质量较高的六角螺母实物	40 分	(1) 不能正确获取六角螺母三维模型，扣 10 分； (2) 不能正确选择三维模型的打印模式，扣 10 分； (3) 不能正确调整模型摆放方位，扣 10 分； (4) 不能正确设置打印参数，扣 10 分		
外六角螺栓的 3D 打印	能正确获取外六角螺栓的三维模型，并使用打印机打印质量较高的外六角螺栓实物	40 分	(1) 不能正确获取外六角螺栓三维模型，扣 10 分； (2) 不能正确选择三维模型的打印模式，扣 10 分； (3) 不能正确调整模型摆放方位，扣 10 分； (4) 不能正确设置打印参数，扣 10 分		
安全文明操作	(1) 安全用电，未人为损坏元器件及工具； (2) 保持环境整洁，操作习惯良好； (3) 小组成员协作，态度端正； (4) 不迟到、不早退、不旷课	20 分	(1) 违反操作规程，每次扣 10 分； (2) 环境不整洁，扣 5 分； (3) 实训态度不端正，每次扣 5 分		
总　分					

任务二　标准件模型后处理

任务目标

FDM 是通过逐层叠加的方式实现模型打印的，会产生台阶效应。因此，通常 FDM 成型件的产品表面粗糙度值都比较大。另外，当打印具有悬臂结构的复杂模型时，通常需要增设支撑结构最终辅助模型，待模型制作结束后再去除支撑材料。但支撑剥离位置也会影响最终制件的表面质量，甚至会影响制件的尺寸精度和形状精度，而标准件的质量好坏，直接影响到最终装配质量的高低。本任务要求学生掌握标准件模型的后处理方法。

知识链接

熔融沉积成型(FDM)过程要求分为前处理、打印成型过程和后处理三个环节。FDM 加工过程中的每个环节都可能引起成型误差，影响制件的质量。通常导致成型误差的因素包括成型原理、成型温度、成型工艺参数、成型材料、后处理等。

后处理是 FDM 制件质量提高的常用手段，其主要通过去除支撑和降低表面粗糙度提高制件质量。其中，去除支撑是关键环节。若支撑材料是水溶性材料，则直接将制件放在温水中浸泡一段时间即可去除支撑；否则，需采用机械方式去除。降低表面粗糙度的常用方式有打磨、抛光等。通过去除成型表面上的毛刺、加工纹路等，使得零件表面更加光亮，以提高表面质量。

但是后处理过程也会对制件质量带来不利影响，主要表现如下：

(1) 在支撑去除过程中，可能划伤零件表面或有支撑残留，这将导致成型零件的表面粗糙度值增大。

(2) 零件成型后，由于温度降低和残余应力累积，会导致零件边缘发生一定程度的翘曲变形，而部分后处理措施采用局部加热矫正变形也会带来类似的问题。

(3) 机械抛光和化学抛光一定程度上会影响零件的尺寸精度。

因此，在制件打印完成后采用合适的后处理方法时，应尽量避免不必要的后处理流程，以免降低制件精度，影响产品质量。

技能训练　紧固件 3D 打印的模型后处理

一、实训目的

(1) 掌握紧固件模型移出工作平台的方法。

(2) 掌握紧固件支撑的去除方法。

(3) 了解常用的抛光、打磨方法。

二、实训器材

实训器材要求如表 4-3 所示。

表 4-3　标准件模型后处理实训器材表

实 训 器 材	数　量
铲刀	1 把
支撑去除工具(剪刀、钳子、镊子、锉刀等)	1 套
打磨工具(砂纸)	若干
抛光工具(丙酮、抛光机等)	若干

三、注意事项

(1) 实验平台要求整洁，注意用电安全。
(2) 实训过程中，严格按规范操作。

四、实训操作

(一) 六角螺母的后处理

1. 移出模型

用铲刀从边缘插入模型基座与工作平台之间，轻轻翘起模型，使之从工作平台移出，如图 4-11 所示。

(a) 铲刀移出制件

(b) 取出后的制件

图 4-11　六角螺母的移出

2. 去除支撑

去除支撑环节包括去除支撑和去除基座两部分。由于六角螺母的打印过程中方位摆放正确，无多余支撑材料，所以本环节只需去除基座即可。

六角螺母打印过程中的基座与制件材料均为 PLA 材料，必须用机械方式去除。去除时，用镊子夹住底座，轻轻用力将底座与制件分开，如图 4-12 所示。最后用剪刀剪掉多余熔丝。

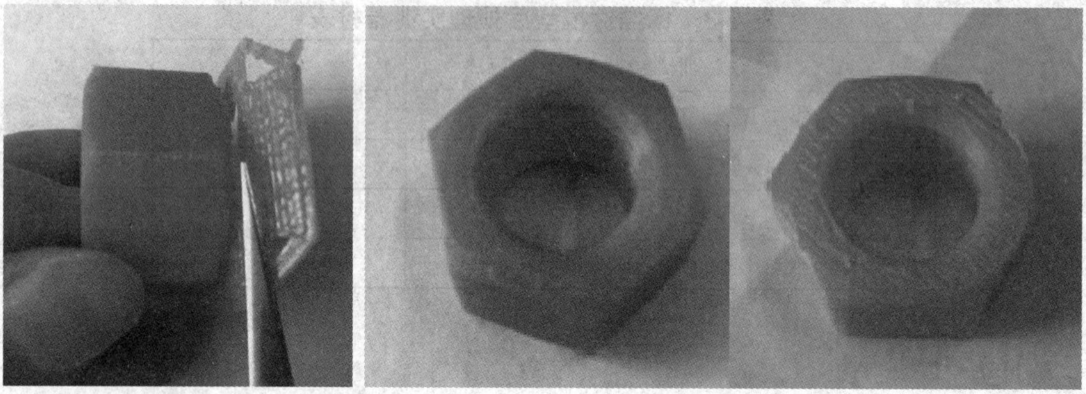

(a) 去除基座　　(b) 去除基座后成品(正反面)

图 4-12　六角螺母去除基座的过程及成品

3. 表面处理

六角螺母的关键部位是要与其他零件配合装配的螺纹连接部位。而螺纹连接部位无支撑等多余材料，若对六角螺母的外表面无特殊要求，可不作处理；若有要求，则先打磨再抛光，直到满足粗糙度要求。

(二) 外六角螺栓的后处理

1. 移出模型

将模型移出工作平台，操作方式与六角螺母移出方法一致，如图 4-13 所示。

(a) 铲刀移出制件　　(b) 取出后的制件

图 4-13　外六角螺栓的移出

2. 去除支撑

与六角螺母一样，外六角螺栓在打印过程中未设置支撑，只需去除基座即可。仍采用机械方式去除基座，去除方法与上述去除支撑方式一致，外六角螺栓去除基座过程及成品如图 4-14 所示。

(a) 去除基座过程示意图　　(b) 去除基座后成品

图 4-14　外六角螺栓去除基座的过程及成品

3. 表面处理

外六角螺栓螺纹连接部位无支撑等多余材料，若六角螺母外表面无特殊要求，可不作处理；若有要求，则先打磨再抛光，直到满足粗糙度要求。

(三) 螺母螺栓的装配

本项目打印的六角螺母和外六角螺栓的打印参数设置相同。因此，可通过装配过程检验打印质量，装配实物如图 4-15 所示。

图 4-15　螺母螺栓装配图

五、实训考核

根据实训完成情况进行考核，考核表如表 4-4 所示。

表 4-4　紧固件 3D 打印的模型后处理考核表

班级		姓名		扣分记录	得分
项目	考核要求	分值	评分细则		
六角螺母的后处理	能采用正确的方式对成型后六角螺母进行后处理，并得到满足要求的成品	40 分	(1) 不能正确去除底座和支撑，扣 20 分； (2) 不能采用正确的表面处理方式，扣 10 分； (3) 不能得到合格成品，扣 10 分		
外六角螺栓的后处理	能采用正确的方式对成型后外六角螺栓进行后处理，并得到满足要求的成品	40 分	(1) 不能正确去除底座和支撑，扣 20 分； (2) 不能采用正确的表面处理方式，扣 10 分； (3) 不能得到合格成品，扣 10 分		
安全文明操作	(1) 安全用电，未人为损坏元器件及工具； (2) 保持环境整洁，操作习惯良好； (3) 小组成员协作，态度端正； (4) 不迟到、不早退、不旷课	20 分	(1) 违反操作规程，每次扣 10 分； (2) 环境不整洁，扣 5 分； (3) 实训态度不端正，每次扣 5 分		
总　分					

项 目 小 结

通过本实训项目，读者应重点理解和掌握以下理论与技能：

(1) 掌握标准件的定义、类别及作用等。

(2) 掌握利用 FDM 打印成型标准件的方法。

(3) 能采用适当的后处理方法处理制件。

思 考 与 练 习

1. 3D 打印时如何保证两个零件装配部位的装配精度，确保能成功装配？

2. 本项目外六角螺栓打印时，摆放方位为沿轴向竖直放置。如果改为沿轴向水平放置，会有哪些变化？对产品质量有何影响？(可试着打印一下，进一步分析)

3. 利用 FDM 打印机，打印符合国标的“十字盘头螺钉”。

实训项目五　三维扫描与逆向设计

项目分析

逆向技术是产品实现再生设计与加工的重要手段，是提升质量和效率、增强设计能力、降低成本的先进技术。本项目运用三维扫描技术，对实物模型进行数据采集和点云处理，通过 Geomagic Design X 软件逆向建模，重构 3D 数字模型，对重构后的曲面进行精度与质量分析，完成塑料瓶盖、操纵杆逆向建模以及手电钻的切片。

本项目需要完成以下任务：

(1) 扫描仪操作。

(2) 塑料瓶盖模型逆向设计。

(3) 操纵杆模型逆向设计。

(4) 手电钻模型切片。

知识目标

(1) 理解逆向设计的流程。

(2) 熟知 Geomagic Design X 软件基本操作。

(3) 认知 Magics 切片过程。

能力目标

(1) 掌握 Geomagic Design X 软件基本操作。

(2) 掌握扫描数据的处理。

(3) 掌握产品模型的误差分析。

(4) 掌握三维扫描仪操作流程。

任务一　扫描仪操作

任务目标

通过本任务的学习，让学生了解逆向工程的基本流程以及扫描仪的扫描过程，并能够正确扫描零件。

知识链接

一、三维扫描仪的定义

三维扫描仪(3D Scanner)是一种科学仪器，用来侦测并分析现实世界中物体或环境的形状(几何构造)与外观数据(如颜色、表面反照率等性质)。搜集到的数据常被用来进行三维重建计算，在虚拟世界中创建实际物体的数字模型。这些数字模型具有相当广泛的用途，可在工业设计、瑕疵检测、逆向工程、机器人导引、地貌测量、医学信息与生物信息鉴定、刑事鉴定、数字文物典藏、电影制片、游戏创作素材等领域使用。三维扫描仪的制作并非依赖单一技术，而是不同技术的重建，故三维扫描仪的成本与售价也有高低之分。仪器的选择往往取决于物体的表面特性。例如光学技术不易处理闪亮(高反照率)、镜面或半透明的表面，而激光技术不适用于脆弱或易变质的表面。

二、三维扫描仪的功能

三维扫描仪的用途是创建物体几何表面的点云(Point Cloud)，这些点可用来插补成型物体的表面形状，点云越密集，创建的模型越精确(这个过程称作三维重建)。若扫描仪能够获取表面颜色，则可进一步在重建的表面上粘贴材质贴图，这一步骤也称材质印射(Texture Mapping)。

三维扫描仪可类比为照相机，它们的视线范围都呈现圆锥状，信息的搜集皆限定在一定的范围内。两者不同之处在于相机所抓取的是颜色信息，而三维扫描仪测量的是距离。由于测得的结果含有深度信息，因此常称之为深度图像(Depth Image)或距离图像(Ranged Image)。

三、三维扫描仪的应用

(1) CAD/CAM/逆向工程(RE)/快速成型(RP)：扫描实物，建立CAD数据；扫描模型，建立用于检测部件表面的三维数据；使用由RP创建的真实模型，建立和完善产品设计；有限元分析的数据捕捉。

(2) 检测(CAT)/工程设计中的计算机辅助工程(CAE)：生产线质量控制和曲面零件的形状检测。

(3) 科学研究：计算机视觉、计算几何、考古研究等。

(4) 其他应用：文物、艺术品的录入和电子展示、动画造型、牙齿及畸齿矫正、整容及上颌面手术等。

技能训练　三维扫描仪及 Shining3D 软件基本操作

一、实训目的

(1) 掌握三维扫描仪操作流程。
(2) 掌握扫描前的操作过程。

二、实训器材

工业级三维扫描仪。

三、注意事项

(1) 电脑用电安全。
(2) 三维扫描仪用电安全。

四、实训操作

(一) 软件介绍

Shining3D 软件功能包括 3 大模块：标定模块、扫描模块、后处理模块。

1. 标定模块

标定主要是指使用标准的计量仪器对所使用仪器的准确度(精度)进行检测，一般大多用于精密度较高的仪器。标定也可以认为是校准。

本扫描仪有两个摄像头，标定模块的窗口如图 5-1 所示。左侧两个视图是左边相机拍摄到的图像，右侧两个视图是右边相机拍摄到的图像。

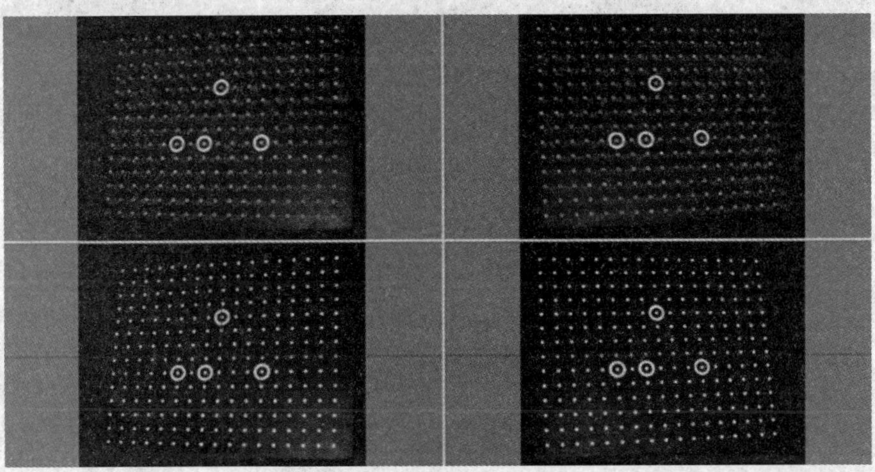

图 5-1　标定模块的窗口

如图 5-1 所示，此状态下有四个视窗，下面两个视窗实时显示左右相机图像，上面两个视窗为采集图片显示视窗。

在此模块中，鼠标的使用功能如图 5-2 所示。

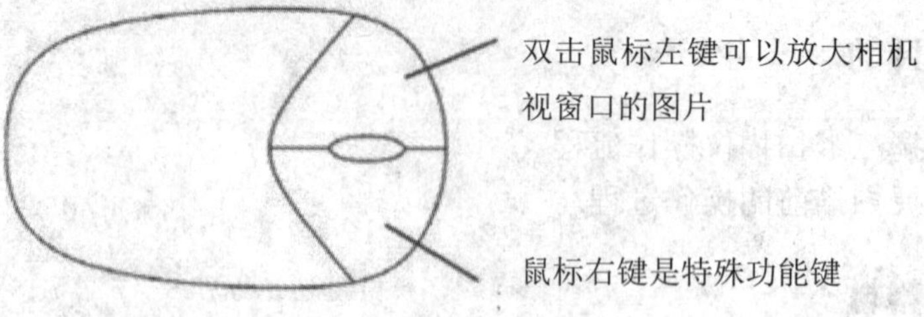

图 5-2　标定模块鼠标的使用功能

2. 扫描模块

扫描技术主要用于测量物体空间外形、结构及色彩，以获得物体表面的空间坐标及表面色彩信息。

扫描模块的窗口如图 5-3 所示。

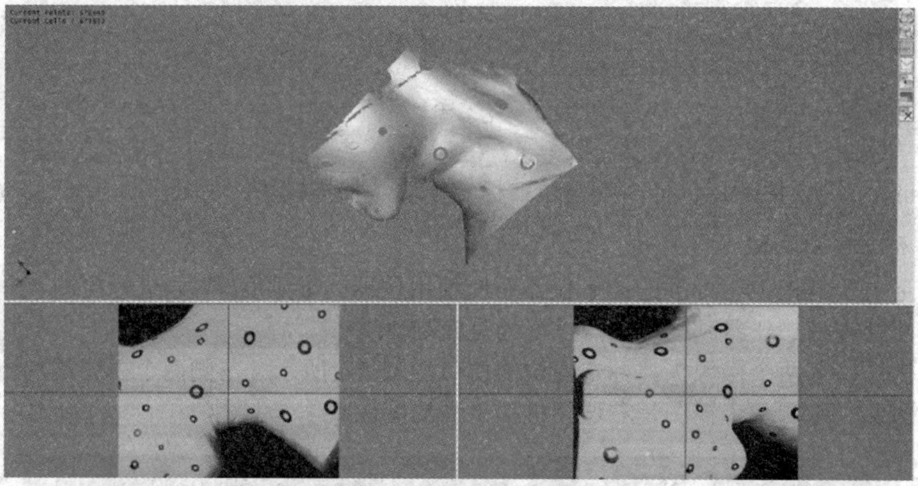

图 5-3　扫描模块的窗口

如果要选择资源管理器中的多个项目，则可采用“Ctrl+鼠标左键”的方式进行选取，“Shift+鼠标左键”可用于选取单个标志点或圈选模型区域，如图 5-4 所示。

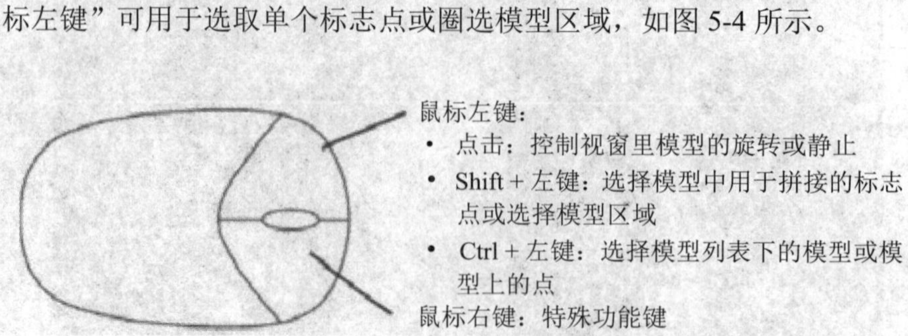

图 5-4　扫描模块鼠标的使用功能

3. 后处理模块

后处理模块包括模型编辑、视图及模型后处理，其界面窗口如图 5-5～图 5-7 所示。

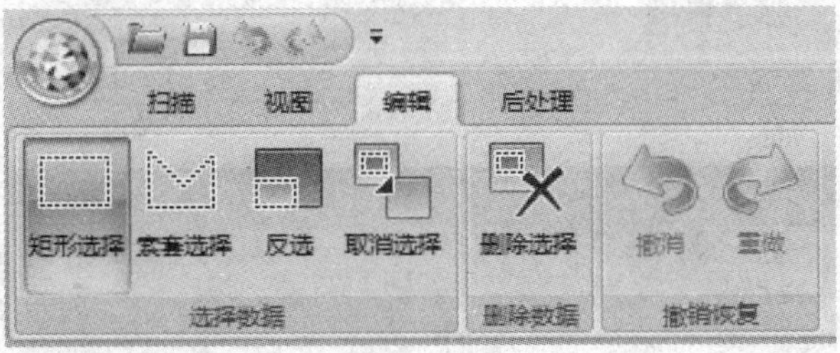

图 5-5　模型编辑窗口

图 5-6　模型视图窗口

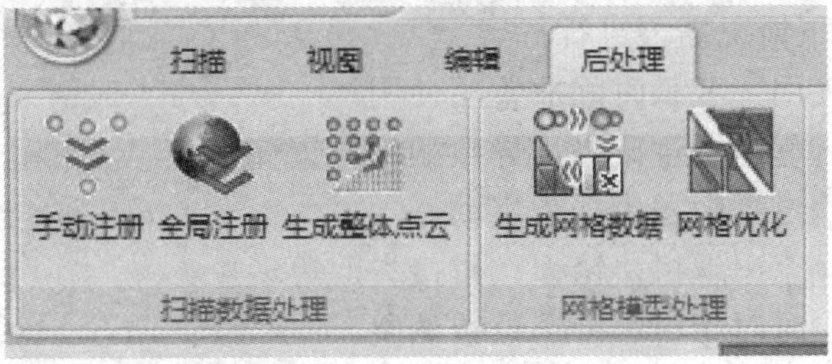

图 5-7　模型后处理窗口

在此模块中，鼠标的使用功能如图 5-8 所示。

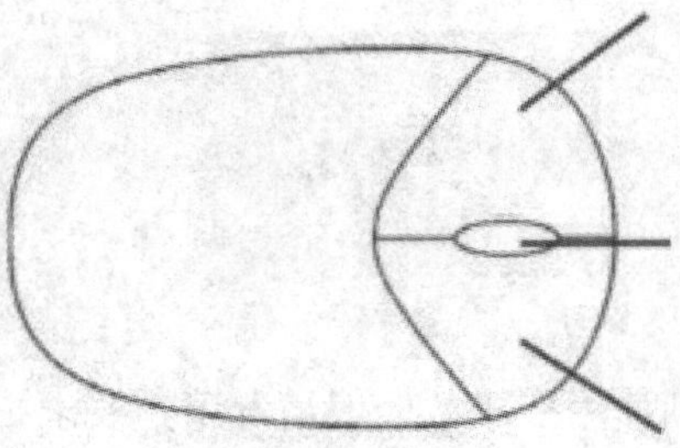

鼠标左键：
- 点击：视窗里旋转的模型静止
- 点击并滑动：自由旋转模型
- Shift + 左键：选择模型区域
- Ctrl + 左键：选择模型或参考点，或平移模

鼠标中键：
- Shift + 中键：模型缩放
- 鼠标右键：特殊功能键

图 5-8　后处理模块鼠标的使用功能

(二) 建立工程

在扫描模型时要先建立工程。建立工程有两种方法：新建工程或打开已有的工程。

1. 新建工程

双击软件图标"　"，在弹出的界面中点击"新建工程"。然后选择路径保存新建工程，点击"保存"即可进入软件首界面，如图 5-9 所示。

图 5-9　软件首界面

在此界面也可打开最近创建的工程或者点击“打开工程”按钮打开已有的工程。

2. 系统标定

在开始扫描前应先标定系统，标定的精度将直接影响系统的扫描精度。如果在使用过程中已经标定过系统，在系统未发生任何变动的情况下，进行下一次扫描时可以不用再进行标定。一般遇到以下情况需要进行标定。

(1) 扫描仪初次使用，或长时间放置后使用。

(2) 扫描仪使用过程中发生碰撞，导致相机位置偏移。

(3) 扫描仪在运输过程中发生严重震动。

(4) 扫描过程中频繁出现拼接错误、拼接失败等现象。

(5) 更改扫描范围时对相机进行了位置调整。

系统标定包括：

(1) 调整扫描仪角度；

(2) 调整测量距离；

(3) 调整十字及相机参数；

(4) 选择标定板参数；

(5) 采集标定板数据；

(6) 标定计算；

(7) 应用标定结果。

3. 调整扫描仪角度

通过调整云台，使扫描仪的安装角度达到使用要求。一般情况下，要求扫描仪光栅投射方向与地面尽量垂直，扫描仪左右相机尽量水平对称(调整操作可参考硬件操作说明)。

4. 调整测量距离

测量距离是指标定过程中采集第一幅图片时，扫描仪到标定板平面的距离，也是扫描时的最佳距离。标定或扫描开始前，都要让扫描仪与目标物体之间尽量接近这个距离。

首先，根据扫描仪的扫描范围和标定板规格先粗略地调整扫描仪测量距离。放平标定板，调整扫描仪高度(一般通过三角架)，使扫描仪相机视窗中的标定板成像范围略小于标定板的外形尺寸，此时扫描仪与标定板之间的距离接近最佳值。图 5-10 所示为合适的测量距离，图为两个摄像头拍出来的效果。

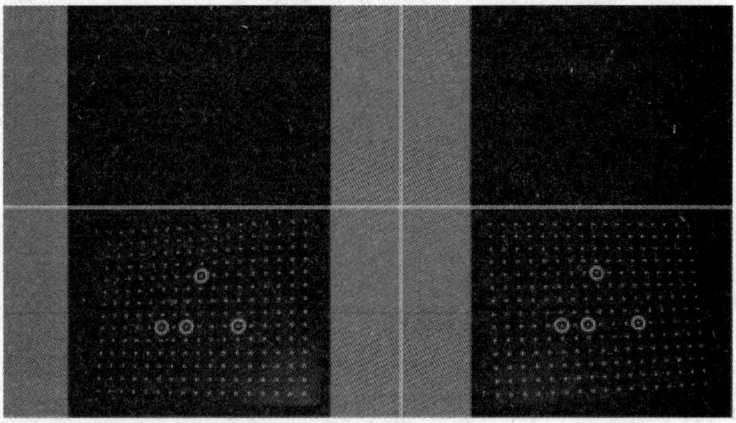

图 5-10　合适的测量距离

5. 调整十字及相机参数

如图 5-11 所示，标定界面上端有“投影设置”和“相机设置”模块。勾选面板中的“”复选框。

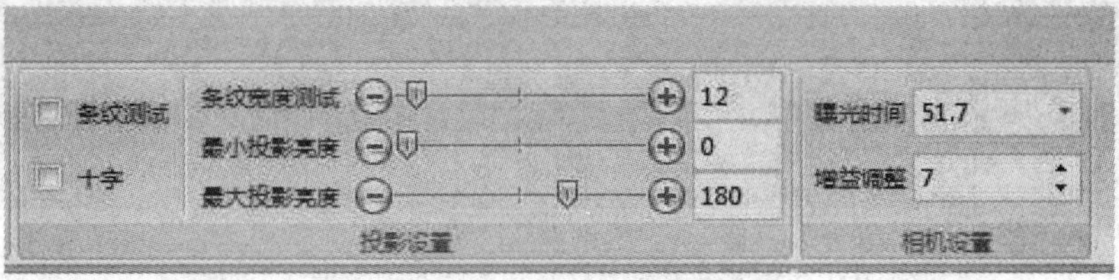

图 5-11　“十字”图标位置

将一张白纸放在标定板上，纸上会出现黑色十字亮线。可以通过调节投影仪光圈使黑色十字达到最清晰的状态。然后轻微调整扫描仪的高度和相机角度(调整相机角度需使用内六角工具)，使黑色十字与界面视窗显示的红色十字重合，如图 5-12 所示。

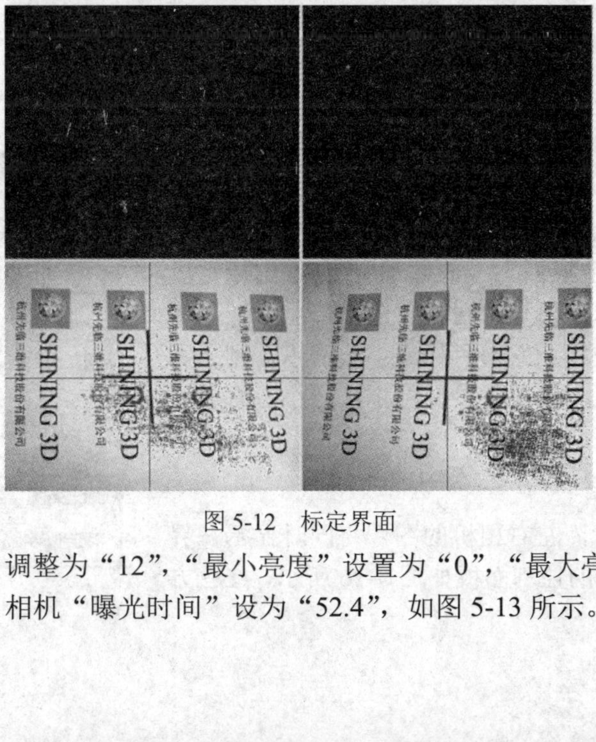

图 5-12　标定界面

将“条纹宽度”调整为“12”，“最小亮度”设置为“0”，“最大亮度”设置为“113”，“增益”设为“7”，相机“曝光时间”设为“52.4”，如图 5-13 所示。

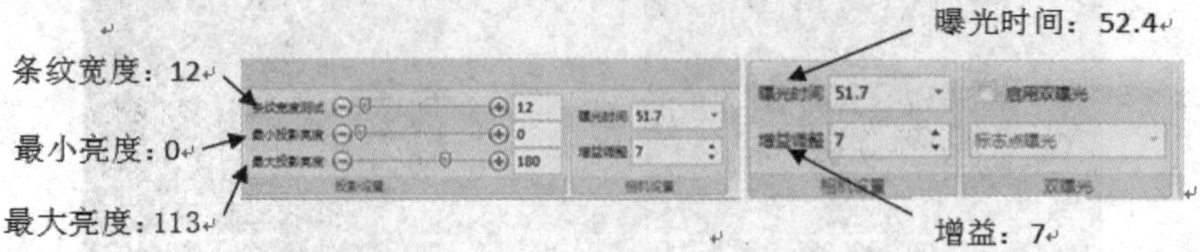

图 5-13　相机参数设置

在标定板上放一张有字的白纸，稍微调节最大亮度值和增益值，使相机视窗里的图片微微泛红。在视窗里双击鼠标左键可以放大该相机采集窗口，能够更清楚地观察纸上的字迹或图案是否清晰，以判断相机焦距是否调到合适的状态。如图 5-14 所示，左相机窗口显示的是放大后的图片，右相机窗口为原始状态。在左视窗里再次双击鼠标左键，使相机视窗返回正常大小。

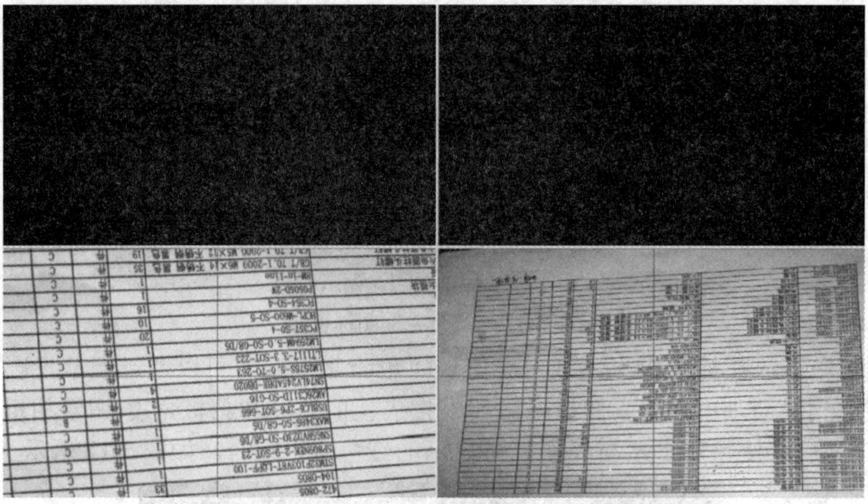

图 5-14　相机焦距

调整结束后，取消十字，重新回到标定界面。

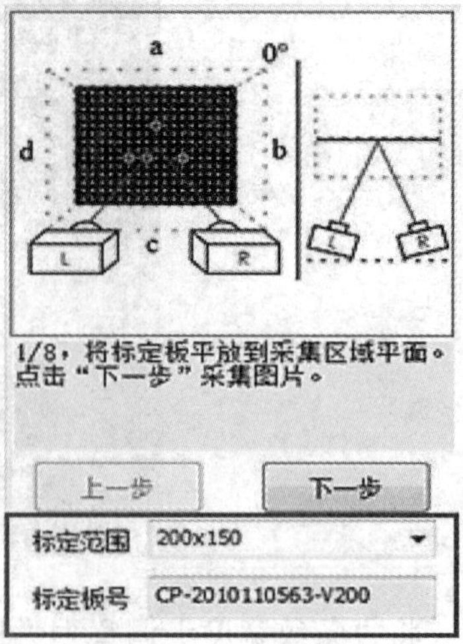

图 5-15　标定板参数

6. 选择标定板参数

根据扫描件大小选择标定板大小，并更改参数。在如图 5-15 所示的标定板参数中，“标定范围”设定为“200 × 150”，“标定板号”一栏中会出现对应标定板号，需确认与所用标定板号相同。

注意：如果标定板上的白色标定点被磨损，则会影响标定的精度，所以一定要保护好标定板，小心拿放，平时不用时将其放好。

7. 采集标定数据

如标定界面所示，左右相机的图像将同时显示在界面窗口中。标定界面的控制面板如图 5-16 所示，红色方框处是操作向导区。

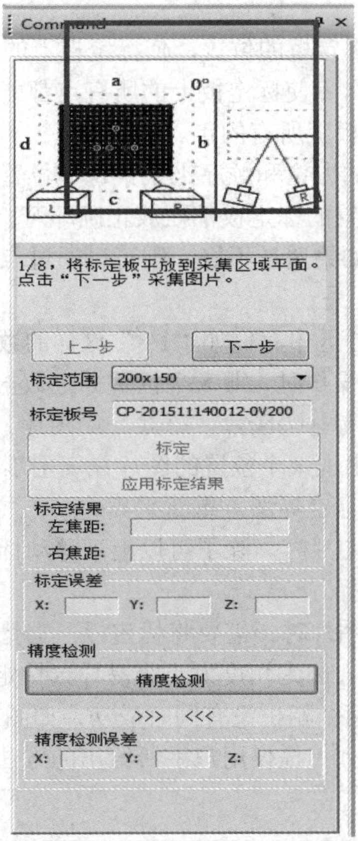

图 5-16　标定界面的控制面板

按照标定控制面板上方的操作向导开始采集标定数据。首先按向导指示摆放标定板，摆放的方位最好和图示的方位一致。通过调增益值来调节图像的光度，以图上微微一点红色时为佳，此时图片采集成功，接着出现下一个向导提示，再次根据提示摆放标定板采集图片，直到按照向导采集完 8 张图片。达到 8 张图片后，用户根据自己情况可以继续采集标定图片，也可以点击标定按钮进行标定。

当软件计算的同时，扫描区会显示如图 5-17 的标定效果图。

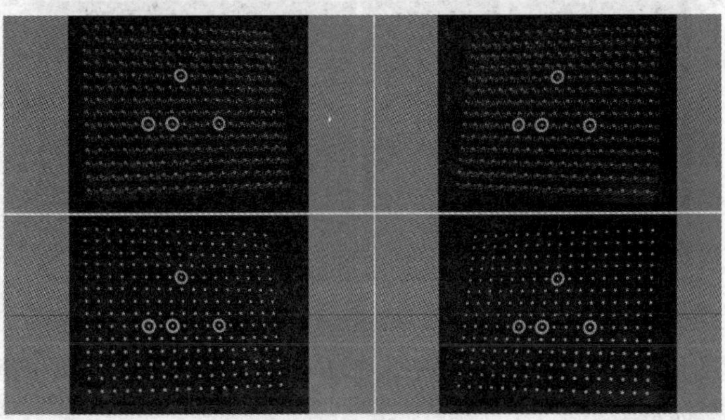

图 5-17　标定效果图

标定时应注意：

(1) 采集图片时恰当摆放标定板的位置，使标定板上的点可以尽量多地被识别出来。

(2) 采集第一张图片时，尽量使标定板上的所有点都能被识别；而接下来几次采集图片时，不强制要求能识别标定板上所有的点。

(3) 建议按操作向导指示的方位和顺序来采集每个位置的图片，不过上述顺序只是一种推荐方法，只要确保每个位置的标定板都摆放正确即可。

(4) 在采集某幅图像时，如果质量不好，则可以通过点击“上一步”将其删除，再重新采集此位置的图像。

(5) 界面左上角的操作向导区中有例如“1/8”这样的数字提示，可以知道目前操作是第几步。当完成“8/8”的提示操作时，即 8 个位置标定数据全部采集完成。最后进行标定计算时，确保每个位置有且只有一幅图片，总共 8 幅图片。

(6) 在采集过程中可能会出现某个位置的图片采集困难的情况，可以调整“最大亮度”和“增益”等选项，然后返回标定界面，重新采集。

(7) 在采集第 5 和第 6 张图片时，除了可以上下移动标定板，也可以升降三角架，具体以实际操作方便为准自由选择。

(8) 在采集第 7 和第 8 张图片时，需要将标定板一端垫起，此处垫起高度不要过低，使标定板与水平面呈约 40° 角，因为角度太小容易导致标定误差较大甚至标定失败。

(9) 如果采集图片时左右两个相机没有同时成功，如图 5-18 所示，则需重新调整，使左右两个相机都能根据通用系列扫描仪用户手册给出的方法进行采集，才算成功采集一幅图片。

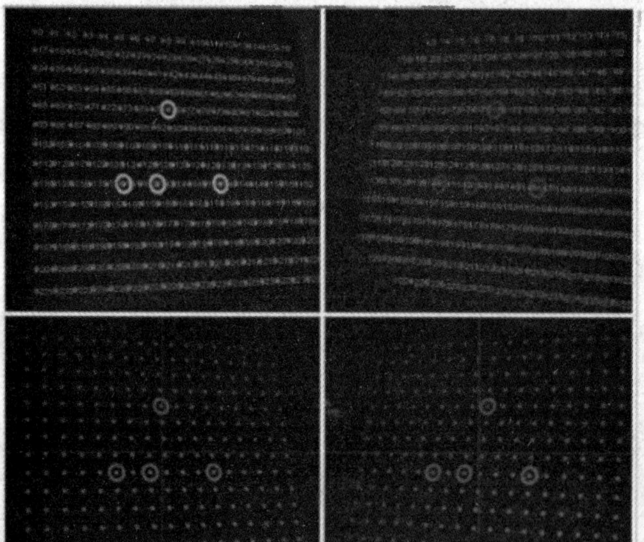

图 5-18　左右相机没有同时成功

(10) 在采集图片过程中和标定成功后，都不要再调整镜头光圈和焦距等硬件设备，一旦调整过则需重新标定。

(11) 标定计算。在完成 8 张图片的采集后，点击“标定”，如图 5-19 所示，等待片刻，

“标定”下方的界面将会出现标定结果。

如果标定结果可用，则界面上会弹出对话框提示“标定成功”，如图 5-20 所示。一般 X、Y、Z 的误差值都不超过 0.02 即可。若标定误差太大，则会弹出对话框提示“标定失败”，如果标定失败则需要再次进行标定。

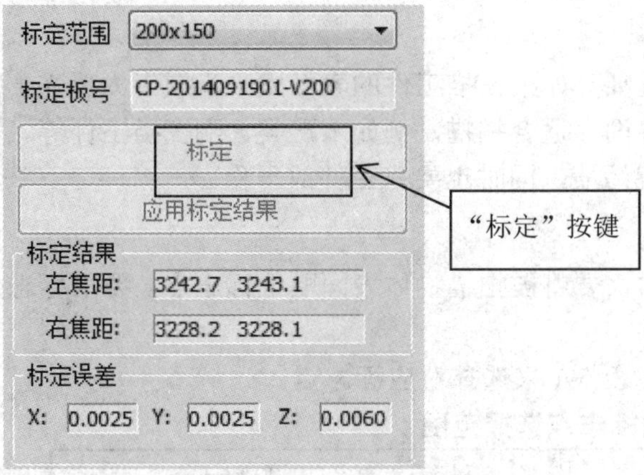

图 5-19　标定结果

图 5-20　标定成功

(12) 应用标定结果。如果显示“标定成功”，点击“确定”则会弹出如图 5-21 所示的对话框。点击“是”，则出现“应用标定结果成功”的提示，点击“确定”即可，如图 5-22 所示。

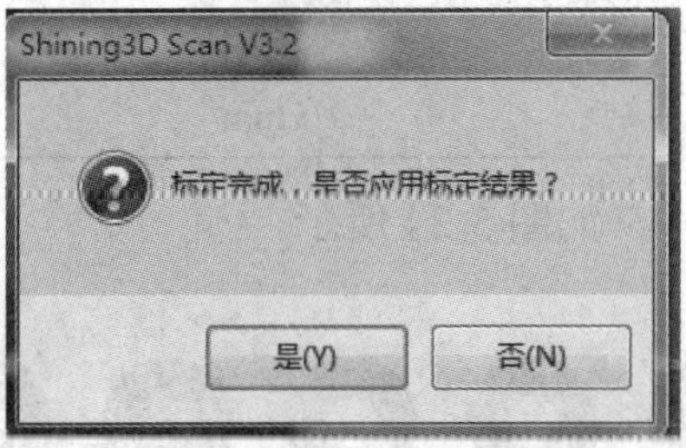

图 5-21　标定结果对话框

图 5-22　标定结果成功

注意：

■ 每次标定成功后，一定要确认“应用标定结果”，否则新的标定结果不会被使用。

当间隔了一段时间再次打开扫描软件时，需要进行精度验证，如果通过验证，则不需再进行标定，否则要重新标定。点击控制面板上的“精度检测”，如果得到如图 5-23 所示界面，则说明之前的标定结果可用，并且系统自动应用之前的标定结果。

■ 如果标定板没放在正确的位置，即出现 **没有放置标定板** ，则会显示缺少标志点。因此，在精度检测时务必把标定板放在扫描视野的正确位置。

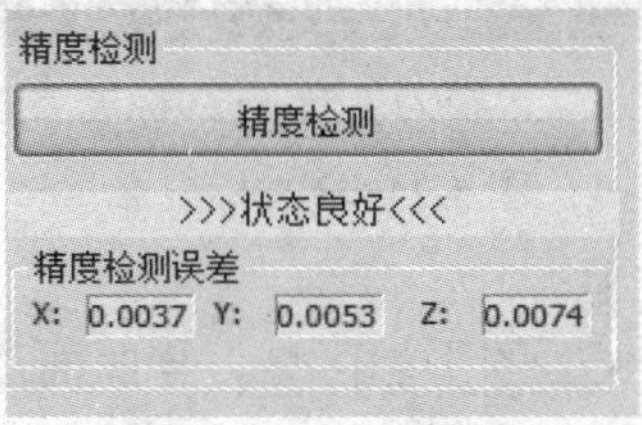

图 5-23　精度检测

(三) 扫描前期准备

在扫描之前要先做一些前期准备工作，如扫描的工件表面处理、标志点选择和粘贴、扫描方式选择、扫描方案确定、扫描布置等。

1. 工件表面处理

工件的表面质量对扫描的进行非常重要。如果扫描工件的表面太吸光或者太反光，则必须用显像剂处理。只有亮但不反光的表面才适合扫描，例如木雕类、陶瓷类工件等。另外，要保证工件表面干净，无明显的干扰污渍，同时也要将工件放平稳。

2. 标志点选择和粘贴

为完整地扫描一个三维的物体，通常需要将被扫描物体表面贴上标志点，要求标志点粘贴牢固、平整。

根据像素和识别精度的关系，一般按表 5-1 来选择对应标志点。

表 5-1　标志点选择范围

扫描范围/mm × mm	标记点直径(内圆)/mm
40 × 300	7 mm
300 × 225	7 mm
20 × 150	3 mm
100 × 75	3 mm
60 × 45	1.5 mm

其中产品清单里的标志点主要有以下 3 种，如图 5-24 所示。

(a) 内径为 7 mm 的标志点

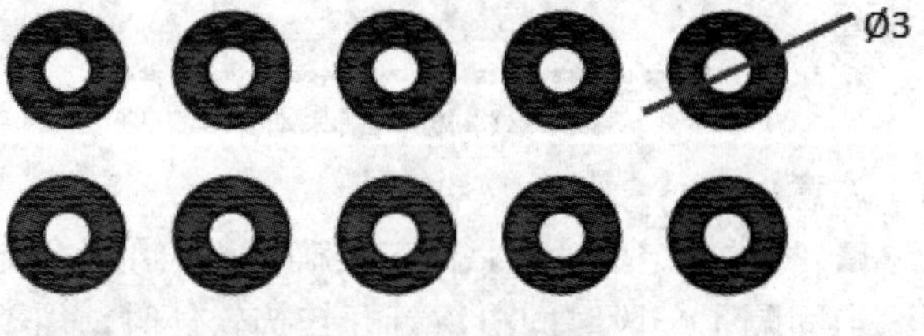

(b) 内径为 3 mm 的标志点

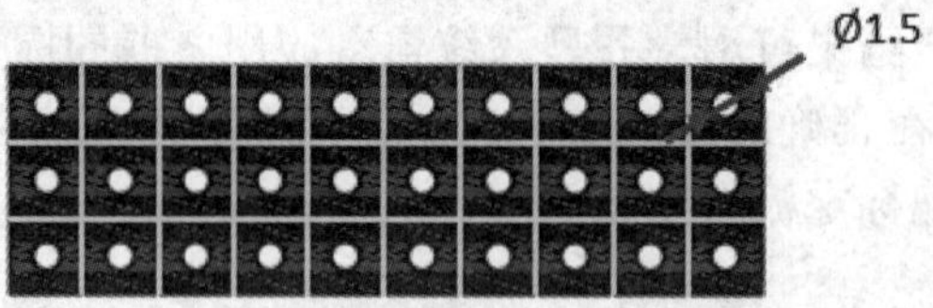

(c) 内径为 1.5 mm 的标志点

图 5-24　3 种标志点

另外，在粘贴标志点时应注意：

(1) 标志点应尽量贴在物体表面的平坦区域，与曲面边缘的距离保持约 12 mm。

(2) 两两相邻标志点的最小距离应保持在 20 mm～100 mm 之间。图 5-25 所示为正确分布标志点实例。

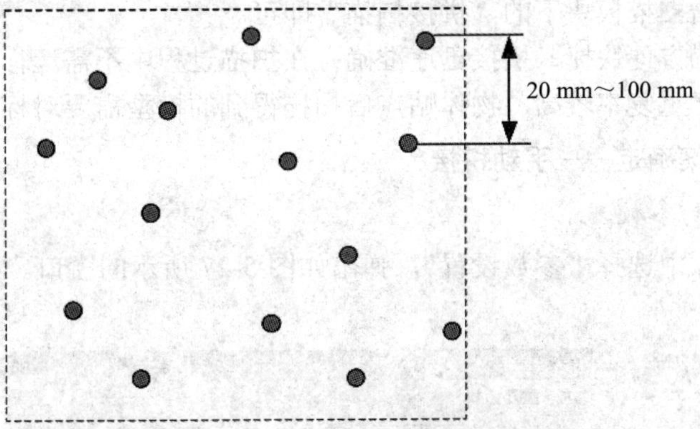

图 5-25　正确分布标志点

(3) 不要人为地将标志点分组排列，如图 5-26(a)所示。

(4) 标志点尽量不要贴在同一条直线上，如图 5-26(b)所示。

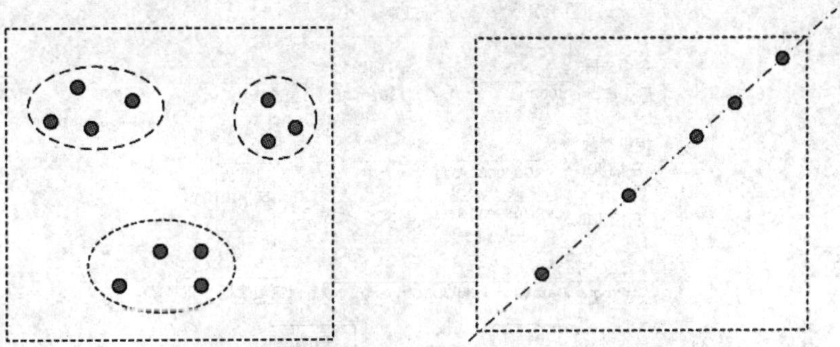

(a) 错误图——将标志点人为分组　　(b) 错误图——粘贴成一直线

图 5-26　错误分布标志点

3. 扫描方式选择

在扫描开始之前，需要确定模型的拼接方式。当被扫描物体不能通过单次扫描操作达到预期要求时，需要对其进行多次扫描。而进行多次扫描就涉及扫描的多个单片模型之间如何进行整合拼接的问题。本软件提供两种拼接方式，标志点自动拼接和非标志点自动拼接(手动拼接)，可根据扫描物体的具体情况进行选择。

1) 手动拼接

对于某些尺寸极小、表面细节过于复杂，或者由于其他原因不适合粘贴标志点的物体，建议选择手动拼接方式。

设置：点击扫描模块下的“手动扫描”即可。

优点：扫描较自由，不受公共标志点个数的限制；点云重复率较低；所得模型不需要进行补洞处理。

缺点：模型之间需要进行手动选点拼接，拼接后要进行优化。

2) 自动拼接

若物体大小适中，表面纹理较简单，且表面有较多的平坦区域适合粘贴标志点时，可选择标志点自动拼接方式。

设置：点击扫描模块下的“拼接扫描”即可。

优点：扫描方便快捷，拼接迅速准确；在扫描过程中不需运行其他软件。

缺点：点云重复率较高，物体贴点后扫描得到的模型需要对标志点处进行补洞处理。

4. 扫描方案确定——手动拼接

1) 设置全局参数

在“设置”中选择“参数设置”，弹出如图 5-27 所示的窗口。根据实际使用情况设置扫描参数。

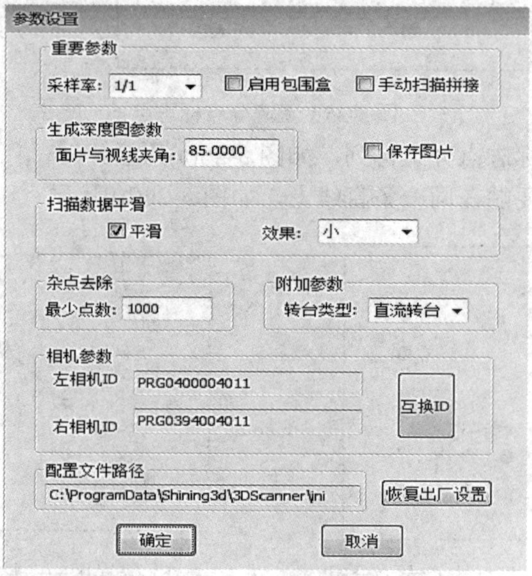

图 5-27　设置扫描参数

参数说明：

(1) 采样率：1/1 数据量最大，1/4 数据量居中，1/16 数据量最小。通常情况选择 1/4。

(2) 启用包围盒：勾选该选项后，包围盒中的扫描数据即为精确数据。超出包围盒区域的数据，软件会自动清除。一般建议扫描时将其选中。

(3) 手动扫描拼接：设定在扫描中可使用手动选点拼接功能。

(4) 面片与视线夹角：扫描过程中，自动过滤大于设定角度的模型块，不参与模型构建。通常可设定在 60 度～85 度之间，一般选择 85 度。

(5) 保存图片：设定是否自动保存图片。

(6) 扫描数据平滑：选择是否使用数据平滑功能，及根据需要自由选择平滑效果的程度。

(7) 最少点数：若扫描块数据的点数小于设定值，则视为杂乱点，否则视为整体模型。该参数设置自动去除孤立点或杂点。

(8) 转台类型：在使用转台扫描时选择与软件配套使用的转台类型。

(9) 相机参数：用来设置左右相机的 ID，如果左右相机装反，则点击“互换 ID”置换。

(10) 恢复出厂设置：一般软件在出厂之前会针对一般需求设置好参数，点击该按钮可恢复到出厂前设置的参数。

注意：在选择扫描类型之前先设置参数。

2) 设置双曝光

选择扫描类型之后，需要根据扫描对象选择是否使用双曝光设置。参数“双曝光”是用于设置不同阶段的相机参数以扫描表面颜色明暗相间的物体。如果扫描对象是黑白对比鲜明的物体，则需要选择“双曝光”设置。如果扫描对象是灰白或中立颜色的物体，则不需要勾选“启用双曝光”选项。

勾选“启用双曝光”，激活其下侧的下拉菜单，界面如图 5-28 所示。菜单中包含三个选项：标志点曝光、扫描低曝光和扫描高曝光。选择其中一个设置为当前状态，就可以在“相机设置”模块中设置相应的曝光时间和增益，之后按回车键保存，三种设置的含义和作用分别如下：

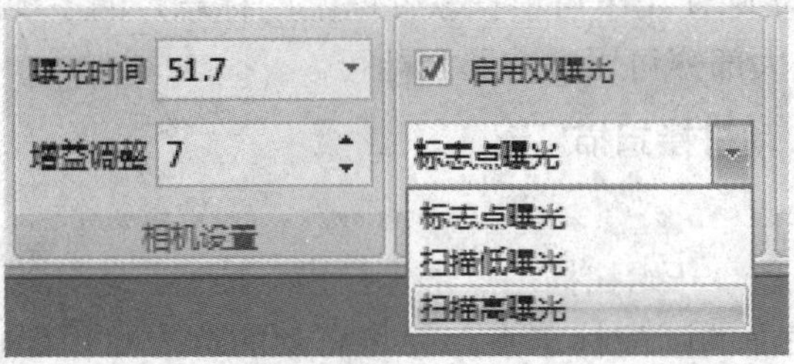

图 5-28 曝光设置

标志点曝光：用于设置扫描仪提取标志点时的相机参数。标志点曝光可以参考正常扫描时的参数进行设置，使软件能够准确识别物体上的标志点。

扫描低曝光：用于设置扫描仪扫描物体表面的亮色部分时的相机参数。扫描低曝光可以直接采用标志点曝光的参数或比其略低，使软件能够完整地扫描物体表面光度较亮的部分。

扫描高曝光：用于设置扫描仪扫描物体表面的暗色部分时的相机参数。扫描高曝光需根据实际情况设置，如物体颜色很深，可能需要大幅度地提高参数，使软件能够尽量多扫描物体表面光度较暗的部分。

三个选项都设置完成后，即可进行双曝光模式扫描。例如，扫描一张黑白相间的纸。当未勾选“启用双曝光”时，通常只能扫描出纸张上的白色部分；勾选“启用双曝光”后，经过合适的设置，能够将纸张上黑色白色的部分都扫描出来，但单次扫描的时间会增加一倍。

3) 设置标志点参数

标志点参数设置模块的界面如图 5-29 所示。

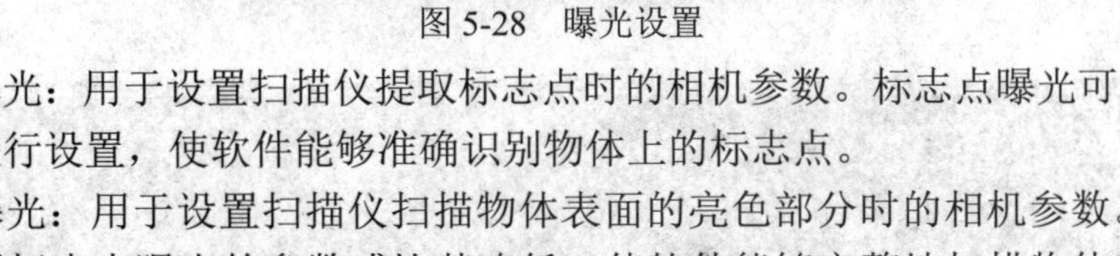

图 5-29 标志点参数设置

椭圆半径：用于设定模型表面上标志点处的空洞的大小，以识别这个点是否为标志点，单位为毫米。该半径值应该比所贴标志点的半径稍微大一点。半径太大，会导致标志点所在位置空洞过大，模型缺损太多；半径太小，又不能将标志点的杂点清理干净，影响精度。

一般设置为“3”，可根据所选用的标志点的大小进行修改。

椭圆质量：椭圆质量的数值影响软件对于单个标志点的识别。该数值为标志点椭圆与标准椭圆比较的标准差。数值越小，对标志点椭圆质量要求越高，同样条件下识别的标志点数目会减少；数值越大，对标志点椭圆质量要求越低，同样条件下识别的标志点数目会增加。通常椭圆质量数值可以设在0.2～0.3之间，实际使用中可根据软件识别的标志点的多少进行修改。一般调整此参数使软件达到如下状态即可：大部分标志点可以被识别，同时又没有错误点(非标志点被认作标志点)。

极线误差：极线误差的数值影响软件对于左右相机中对应标志点的匹配，该数值为同一标志点在左右相机中的位置差值。数值越小，对应标志点越难匹配，但准确率越高；数值越大，对应标志点越易匹配，但准确率越低。通常极线误差数值可以设在0.1～0.5之间，初始值可设为“0.3”，实际使用中可根据软件匹配的标志点的多少进行修改。一般调整该参数至识别出的标志点大部分可以左右匹配即可。

5. 扫描布置——自动拼接扫描

1) 单次扫描

将被测物体摆放平稳，开始扫描。点击“扫描”按钮，若标志点匹配成功，则系统会自动提取并计算物体表面的匹配标志点，并将有效的标志点用绿色数字编号，出现如图5-30所示界面。

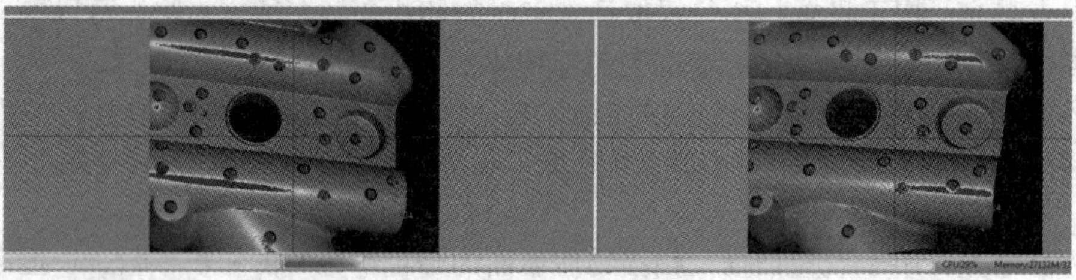

图5-30　标志点识别

标志点匹配成功后，投影仪在物体上投射一系列光栅，信息栏中显示扫描进度条，系统自动存储该次扫描结果，如图5-31所示。

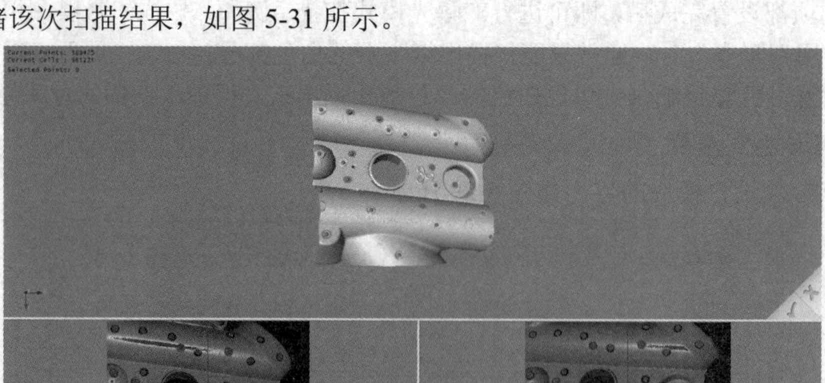

图5-31　扫描中

扫描完成后，对此幅图片进行初步编辑，如旋转模型，或删去不想要的部分。最后点击场景右下角的“”进行确定，如图 5-32 所示，则一次扫描完成。扫描完成注意事项如图 5-33 所示。

图 5-32　框选

注意：扫描完成后，在模型窗口的右侧有一些编辑的快捷功能键，如右图所示，包括旋转、放大、矩形选择、索套选择和删除等操作。在扫描界面可以利用这些快捷功能键对模型进行编辑，具体操作介绍见“模型编辑”。

图 5-33　注意事项

2) 连续多次扫描

依据单次扫描步骤，按照一定的规律翻动物体，继续扫描物体其他部分，标志点自动拼接，如图 5-34 所示。多次扫描完成后显示视窗中会显示模型自动拼接后的三维效果图。

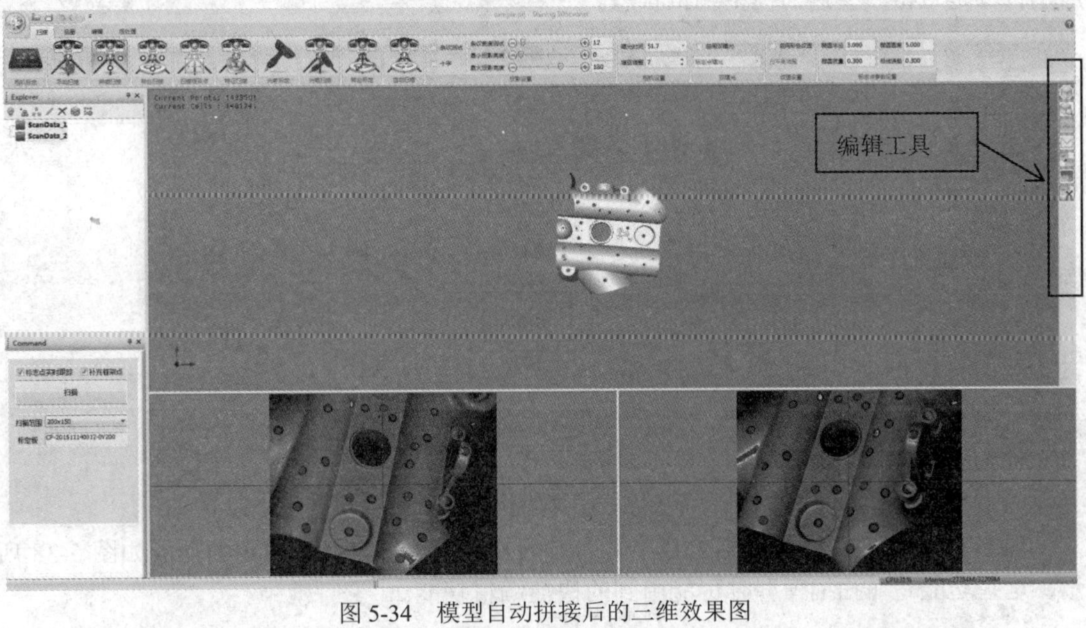

图 5-34　模型自动拼接后的三维效果图

注意：若在左右两幅视图中，未搜索到匹配标志点，则会出现如图 5-35 所示的提示。

图 5-35　提示框

当标志点匹配失败时，需重新调整物体位置，使当前扫描的标志点与上次扫描的标志点的公共点尽量多，至少需要 3 组对应点。再点击“识别”和“扫描”按钮，直到扫描成功。

扫描时的技巧与注意事项如下：

(1) 当扫描完成后直接进入的界面是编辑界面，如图 5-34 所示，此时可以利用右边框选的编辑工具对模型进行部分删除或旋转等编辑操作，编辑完成后点击“ ”，完成此次模型扫描。

(2) 勾选“标志点实时跟踪”选项是指当完成一次扫描后，在后续拼接扫描时会在三维视图实时显示识别到的标志点(粉红色点)，以便于完成拼接扫描过程。另外，系统默认选中“补充框架点”选项，建议用户使用该默认设置，如图 5-36 所示。

图 5-36　补充框架点选项

(四) 模型编辑

在扫描过程中，会用到模型编辑。根据编辑的对象，可将模型编辑分为两类：一是对单个模型的非标志点编辑，二是对整体模型的标志点编辑。

资源管理器一栏中列出了已扫描的模型列表，可通过操作选择某一幅进行编辑。选择模型有两种方式，一是在模型上点击鼠标右键选择“编辑”进入模型编辑状态，如图 5-37 所示；二是双击模型进入模型编辑状态。

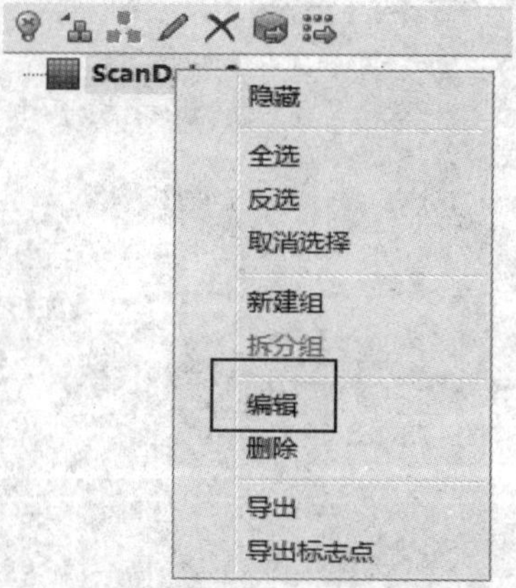

图 5-37　模型编辑状态

图 5-37 中，在资源管理器一栏下，有一组快捷功能键，每个按钮的功能如图 5-38 所示，这些功能是在扫描模型时可能用到的快捷编辑功能。

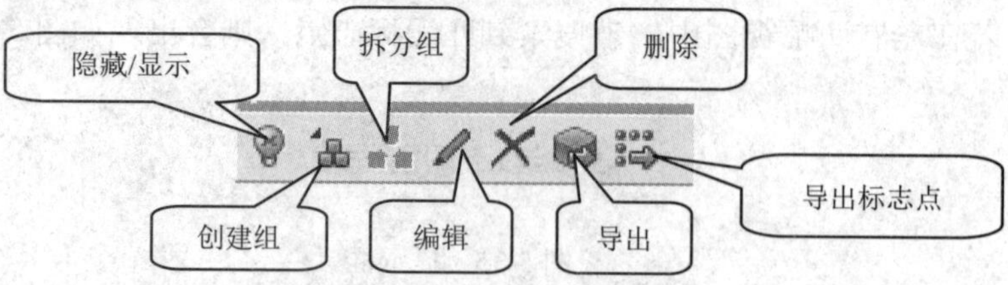

图 5-38　资源管理器快捷功能键

提示：选择模型时可以同时选择多个模型或者全部模型。可以通过按住“Ctrl”键的同时多次点击模型来选中多个模型。通过按住“Shift”键的同时选择第一个和最后一个模型来完成全部模型的选择。

点击主界面的菜单“编辑”，其工具栏主要功能如图 5-39 所示。在对模型进行编辑的过程中，一般将多个工具结合使用。点击“索套选择”图标后，需按住“Shift”键的同时点击鼠标左键选点围成一个封闭的区域，然后双击左键即可。点击“矩形选择”图标后，需按住“Shift”键的同时点击鼠标左键进行模型区域选取编辑。选择线框为绿色，两种选择方式的效果如图 5-40 所示。

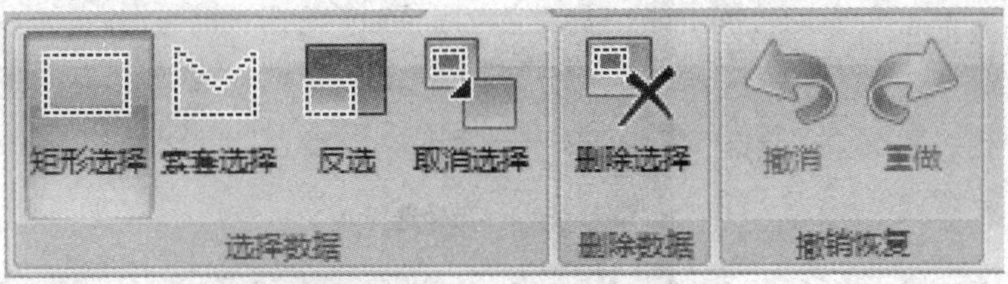

图 5-39　编辑工具栏主要功能

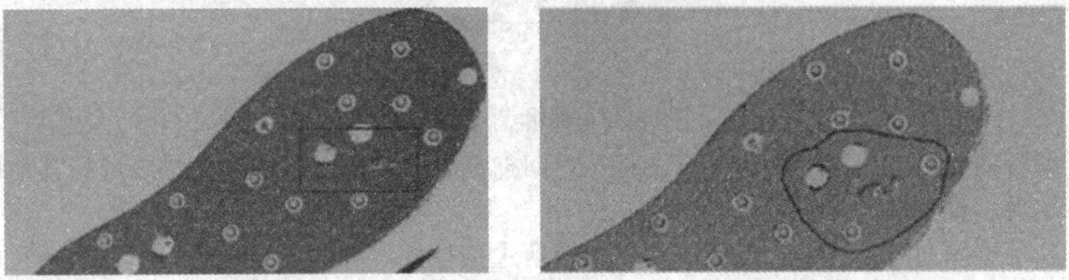

(a) 矩形选择　(b) 索套选择

图 5-40　数据选择方式

通过显示视窗观察，模型数据中可能有多余区域。选择这些区域，如图 5-41 所示，选中的部分会变为红色，可对它进行各种编辑。例如，选中多余部分或者孤立点，点击“删除选择”图标或者直接按“Delete”键，就能完成删除多余部分或者孤立点的操作。如果

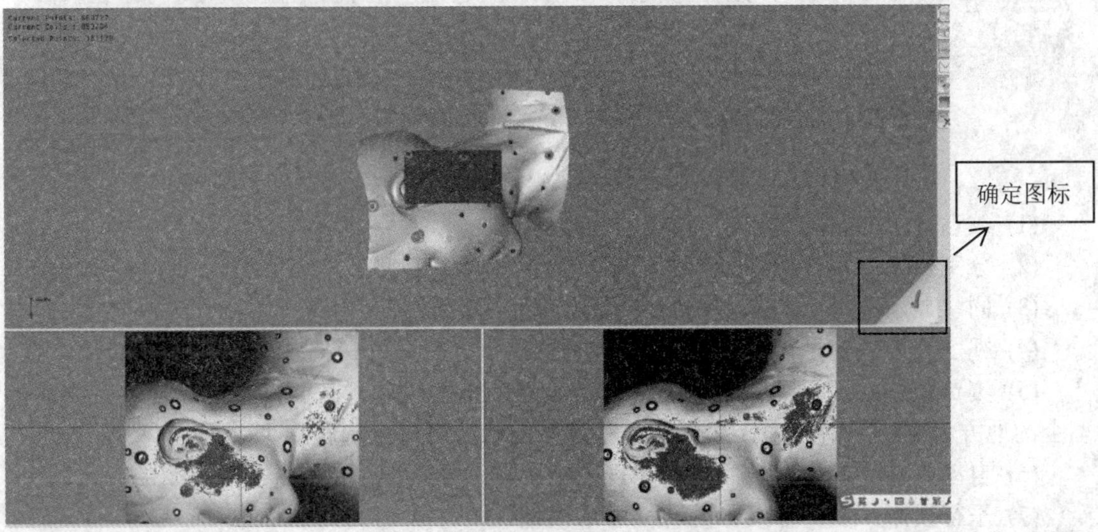

图 5-41　显示视窗观察

要反选当前已选中的点，即选择除了框选部分的所有点，则点击“反选”图标。如果要取消当前已选中的点，则点击“取消选择”图标。如果要删除当前已选中的点，则点击“删除选择”，此时“撤销”按钮被激活，如果要取消之前的删除操作，则点击“撤销”，如果要重新执行此操作，则点击“重做”。编辑点云工具条如图 5-42 所示。

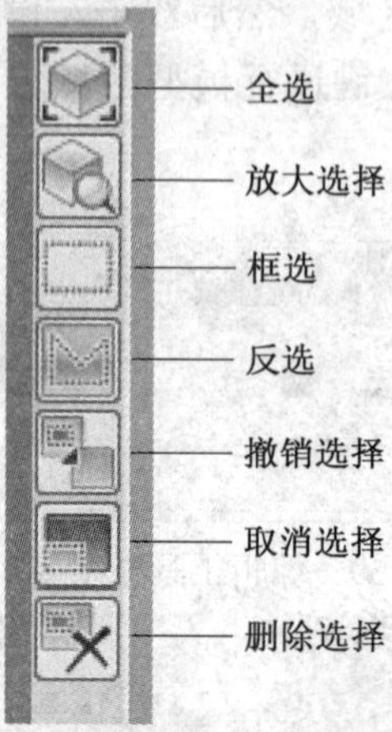

图 5-42　编辑点云工具条

编辑完成后，点击“ ”确定图标，返回扫描界面，便可以继续扫描或选择其他模型进行编辑，直到扫描工作完成。

除了可以通过上述编辑点云工具条编辑所选模型外，在扫描过程中，模型已经建立但未点击“确定”时，同样可以对当前模型进行编辑，与上述方法相同。

另外，在扫描过程中根据实际需求，还会用到“视图”功能来显示同一个模型的不同状态。点击菜单“视图”选项卡进入视图编辑界面，如图 5-43 所示。在视图选项中有以下功能，非标志点模型编辑时会用到以下这些功能。

图 5-43　视图编辑

(1) 纹理显示/隐藏：显示/隐藏模型的颜色和纹理。

(2) 分别显示：每次扫描生成的模型块都用不同颜色表示。

(3) 同一显示：每次扫描生成的模型块用同一种颜色表示。

(4) 视图复位：模型恢复到初始显示状态。

(5) 浏览数据：便于更清晰地观察模型。点击此按钮后，模型将会以鼠标放在物体模型上的地方为中心不断放大。按住鼠标左键并拖动，可任意旋转模型。

(6) 自动旋转：模型生成后自动在视图中旋转，显示模型的各个面。

(7) 平行投影：以平行投影的特征显示模型。

(8) 透视投影：以透视投影的特征显示模型。图 5-44 所示为模型在同一状态时“平行投影”和“透视投影”分别呈现的状态。

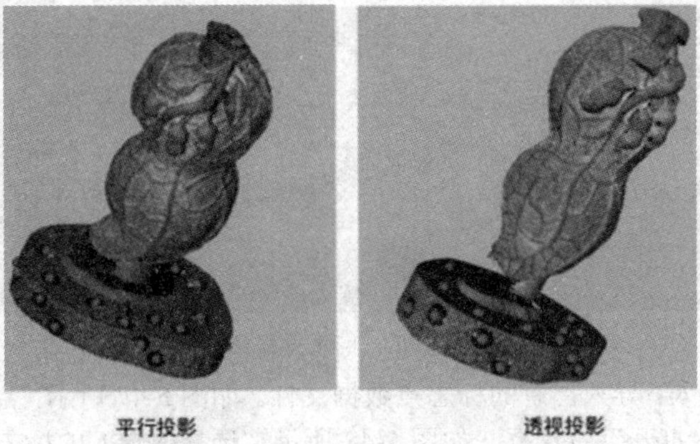

图 5-44　平行投影与透视投影

(9) 显示抽样：抽样数字代表显示点云的抽样率。

1/1：显示的顶点数与实际顶点数相同，状态最精确，数据量最大。当复杂物体需要扫描多片时，抽样显示最好不要用 1/1，否则占据大量内存。

1/2：显示的顶点数是实际顶点数的 1/2，比较精确，数据量较大。

1/4：显示的顶点数是实际顶点数的 1/4，比较精确，数据量相应减小。

1/8：显示的顶点数是实际顶点数的 1/8，比较精确，数据量稍小。

1/16：显示的顶点数是实际顶点数的 1/16，模型较粗糙，数据量比较小。

1/32：显示的顶点数是实际顶点数的 1/32，比较粗糙，数据量较小。

1/64：显示的顶点数是实际顶点数的 1/64，模型粗糙，数据量小。

1/128：显示的顶点数是实际顶点数的 1/128，模型很粗糙，数据量很小。

(10) 点显示：点显示是指以点的形式显示模型。

(11) 线显示：线显示是指以线框的形式显示模型。

(12) 面显示：面显示是指以面的形式显示模型。

同时，在模型上按住鼠标左键随意滑动，即可对模型进行任意旋转。用鼠标左键点击模型并滑动鼠标滑轮，便可对模型进行放大或缩小。按住“Ctrl”键的同时点击鼠标左键并拖动，可以平移模型。

如果在扫描过程中需要编辑标志点，则同样可以按住“Shift”键同时点击鼠标左键圈选需要编辑的标志点，选择方式与前面非标志点的选择方式一样，删除操作也与非标志点删除方式相同。当前已选中的标志点变为红色，未选中的标志点仍为绿色，如图 5-45 所示。

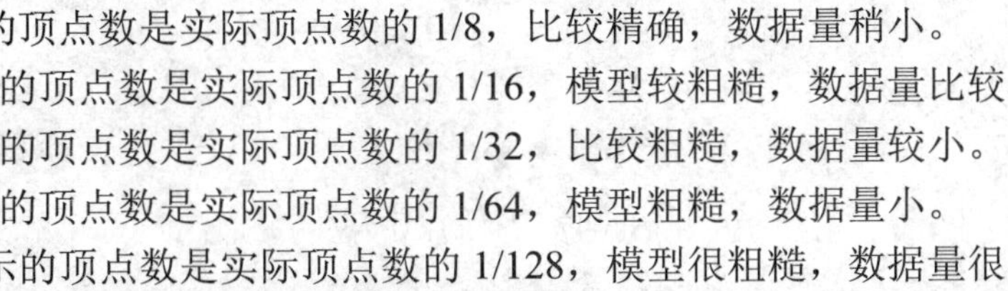

图 5-45　编辑的标志点

(13) 标志点显示/隐藏：在“视图”选项卡下点击“标志点显示”图标，模型上将显示标志点，如图 5-46 所示。如果点击“隐藏标志点”图标，则不显示标志点。

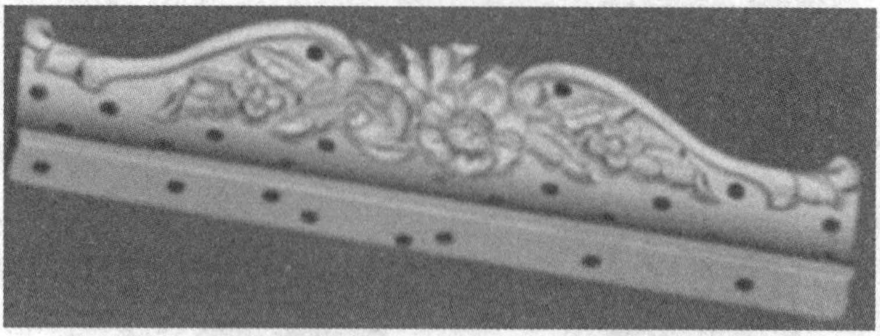

图 5-46　标志点显示

(14) 标志点导入：导入已有的标志点数据文件。如图 5-47 所示，点击主菜单选择“模型导入”，即弹出“打开”对话框，如图 5-48 所示。选择要导入的标志点文件，点击“打开”即可。

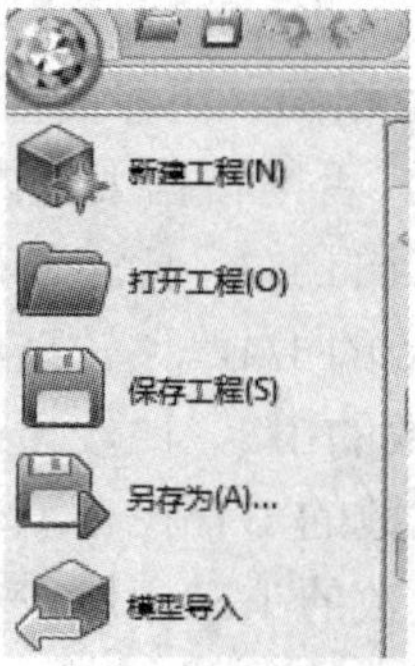

图 5-47　标志点导入

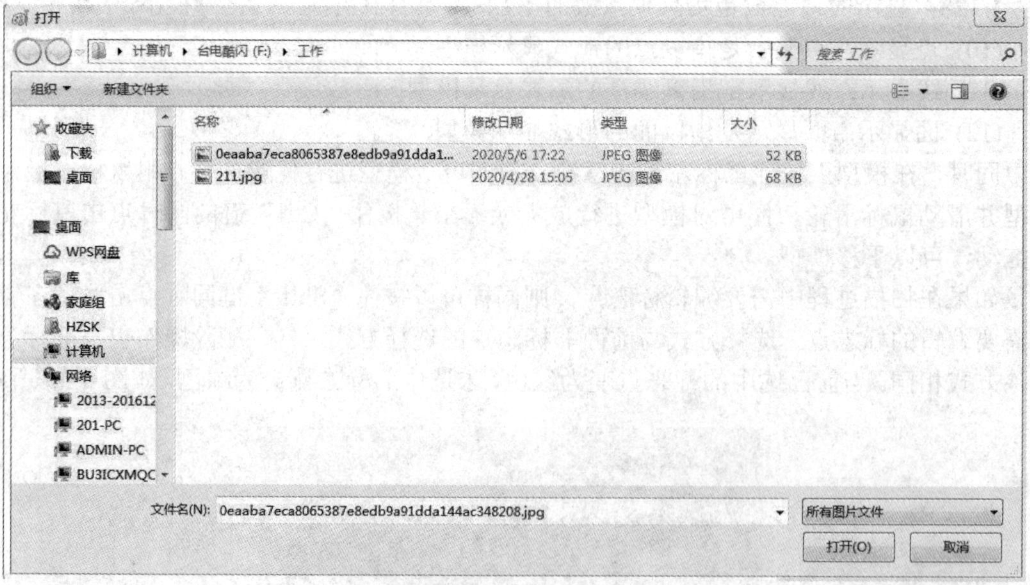

图 5-48　“打开”对话框

(15) 标志点导出：保存当前模型中的全部标志点数据，可在今后扫描中重复使用。点击主菜单，选择“模型导出”—“标志点导出”，如图 5-49 所示。

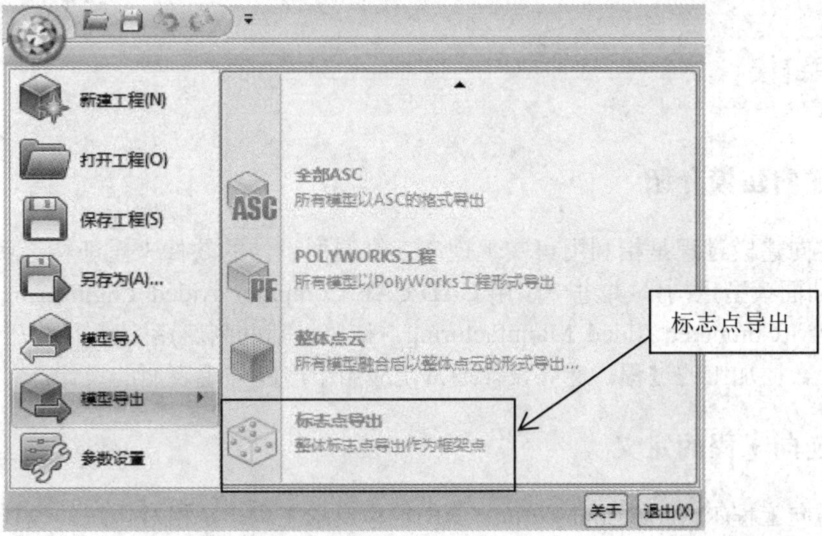

图 5-49　标志点导出

五、实训考核

根据实训完成情况进行考核，考核表如表 5-1 所示。

表 5-1　扫描仪操作实训考核表

班级		姓名		扣分记录	得分
项目	考核要求	分值	评分细则		
扫描仪操作	能完成扫描仪的操作	15 分	不能完成扫描仪的操作，扣 15 分		
实物喷粉	能正确喷粉	10 分	不能正确喷粉，扣 10 分		
标志点制作	能正确制作标志点	25 分	不能正确制作标志点，扣 25 分		
点云编辑	能正确合理处理扫描点云	50 分	不能正确合理处理扫描点云，扣 50 分		
总　分					

任务二　塑料瓶盖模型逆向设计

任务目标

三维扫描获得点云模型之后，通过逆向工程软件进行点云数据处理，经过分门别类、群组分离、点线面与实体误差的比对后，再重新建构模型并产生 CAD(Computer Aided Design，计算机辅助设计)数据，最后进行 3D 打印或 NC(Numerical Control，数控)加工。本任务是根据点云模型，利用 Geomagic Design X 软件完成塑料瓶盖模型的逆向设计。

知识链接

一、逆向建模介绍

逆向建模过程是指利用可实现逆向三维造型设计的软件来重新构造实物的三维 CAD 模型(曲面模型重构)，并进一步用 CAD/CAE(Computer Aided Engineering，计算机辅助工程)/CAM(Computer Aided Manufacturing，计算机辅助制造)系统实现分析、再设计、数控编程、数控加工的过程。逆向设计通常是应用于产品外观表面的设计。

二、逆向工程的定义

逆向工程(Reverse Engineering，RE)也称反求工程，是相对传统的设计而言的。它是指从一个存在的零件或原型入手，首先对其进行数字化处理，然后进行数据处理、曲面重建、构造 CAD 模型等，最后制造出产品的过程。逆向工程技术能快速建立新产品的数据化模型，大大缩短新产品研发周期，提高企业产品设计和生产效率。

逆向工程的基本要求为：

(1) 快速：要求快速设计出产品并将其推向市场；

(2) 准确：要求尽量捕捉原型的设计理念，使逆向产品的外形尽量忠实于原型；

(3) 光顺：在一定的偏差范围内，要求逆向产品表面光顺。

其中，准确与光顺是一对相互矛盾的因素，而逆向工程需要在它们之间找到合理的平衡点。

为达到逆向工程的准确性要求，必须考虑其误差来源并设法减小误差。逆向工程中的误差来源主要有：

(1) 原型误差：指产品的制造误差，如果原型是使用过的，还存在磨损误差；

(2) 测量误差：包括测量设备的系统误差(测量设备的精度、环境温度、被测模型的反光性及软硬程度等)、测量人员的视觉误差及操作误差等；

(3) 数据预处理误差：主要指由对测量数据的过滤、平滑及多视对齐操作所引起的误差；

(4) 造型误差：主要指 CAD 软件的实体造型误差，曲线、曲面的拟合误差等；

(5) 逆向产品的制造误差：和原型误差一样，逆向产品在加工制造过程中同样存在加工误差。

知道了逆向工程的误差来源，就可以在实施逆向工程的过程中，设法减小误差。

三、逆向工程的应用

逆向工程已成为当今 CAD/CAM 领域内研究的热点之一。它在机械产品造型测量、计算机视觉、根据切片数据的医学影像重建等领域都有重要应用，在制造业领域内也有广泛的应用。在下列情形下，需要将实物模型转换为 CAD 模型。

(1) 尽管计算机辅助设计技术(CAD)发展迅速，各种商业软件的功能也日益强大，但目前还无法满足一些复杂曲面零件的设计需要，还存在许多使用粘土或泡沫模型代替 CAD 设计的情况，最终需要运用逆向工程将这些实物模型转换为 CAD 模型。

(2) 外形设计师倾向于使用产品的比例模型，便于产品外形的美学评价，最终可通过运用逆向工程技术将这些比例模型用数学模型表达，通过比例运算得到美观的、具有真实尺寸的 CAD 模型。

(3) 由于各相关学科发展水平的限制，对零件的功能和性能分析还不能完全由 CAE 来完成，往往需要通过试验来确定最终零件的形状，如在模具制造中经常需要通过试冲和修改模具型面方可得到最终符合要求的模具。若对最终符合要求的模具进行测量并反求出其 CAD 模型，在再次制造该模具时就可运用这一模型生成加工程序，便可大大减少修模量，提高模具生产效率，降低模具生产成本。

(4) 目前在国内，由于 CAD/CAM 技术运用发展的不平衡，普遍存在这样的情况：在模具制造中，制造者得到的原始资料为实物零件，这时为了能利用 CAD/CAM 技术来加工模具，必须首先将实物零件转换为 CAD 模型，继而在 CAD 模型基础上设计模具。

(5) 艺术品、考古文物的复制。

(6) 人体中的骨头和关节等的复制、假肢制造。

(7) 特种服装、头盔的制造要以使用者的身体为原始设计依据。此时，需首先建立人体的几何模型。

四、逆向工程软件

逆向工程软件的分类按操作环节主要分为三种，第一种是对扫描设备采集的点云进行处理和分析，这方面的软件有 Geomagic Studio、Geomagic Design X、RapidForm、CopyCAD 等；第二种是曲面或实体重构模块，这方面的软件有 Imageware、UG、Pro/E、Catia 等；第三种是数据分析模块，这方面的软件有 Geomagic Qualify 等。

Geomagic 公司是一家世界级的软件及服务公司，其主要产品 Geomagic 在众多工业领域如汽车、航空、医疗设备等方面得到广泛应用。该公司旗下主要产品为 Geomagic Studio、Geomagic Design X、Geomagic Qualify 和 Geomagic Piano。其中 Geomagic Design X 是被广泛应用的逆向工程软件，可以帮助用户从点云数据中创建优化的多边形网格、表面或 CAD 模型。Geomagic Qualify 则建立了 CAD 和 CAM 之间所缺乏的重要纽带，允许 CAD 模型与实际构造部件之间进行快速、明了的图形比较，并可自动生成报告。而 Geomagic Piano 是专门针对牙科应用的逆向软件。本任务所使用的主要是 Geomagic Design X 软件。

技能训练 塑料瓶盖模型逆向设计

一、实训目的

(1) 掌握模型逆向设计流程。

(2) 掌握逆向软件操作。

二、实训器材

计算机以及 Geomagic Design X 软件。

三、注意事项

计算机用电安全。

四、实训操作

(一) 导入扫描数据并分析

(1) 双击桌面上的图标“”打开软件，选择“插入”—“导入”命令，在弹出的“导入”对话框中选择要打开的数据文件，点击右下角“仅导入”按钮，如图 5-50 所示。

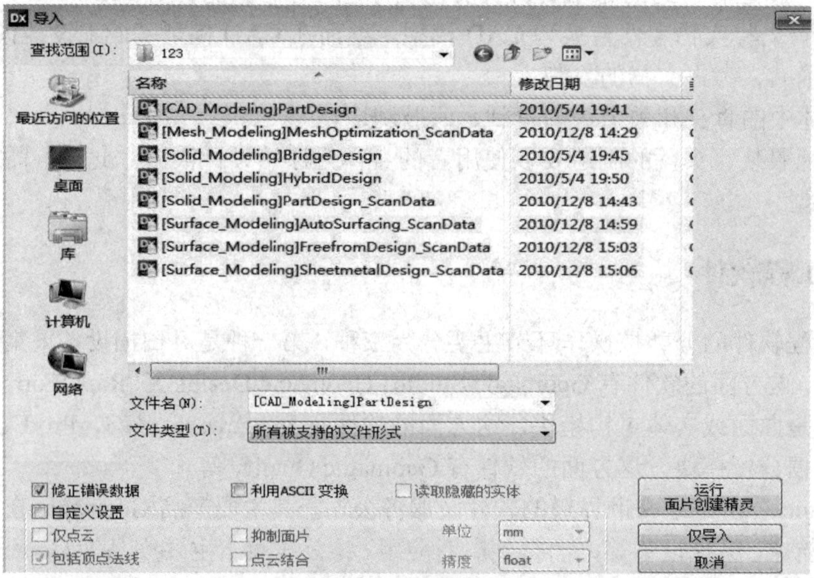

图 5-50　导入扫描数据

(2) 点击左上角的“”图标，如图 5-51 所示，弹出“自动分割”对话框，参数设置如图 5-52 所示。点击对话框中的“”确认按钮退出，如图 5-52 白色方框所示，然后点击右下角的“”确认按钮完成，如图 5-53 所示。

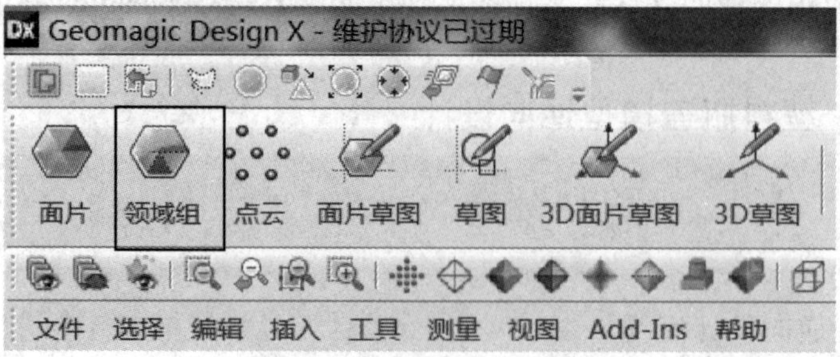

图 5-51　领域组工具

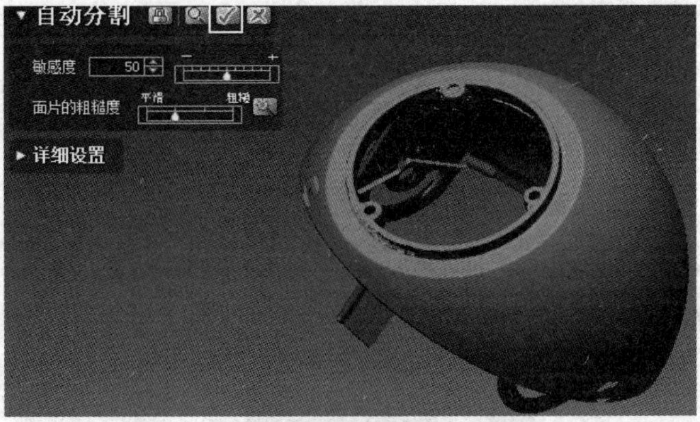

图 5-52　“自动分割参数设置”对话框

图 5-53　“确认”按钮

(二) 建立坐标系

选择“工具”—“对齐”—“向导”命令，如图 5-54 所示，弹出“对齐向导”参数设置对话框，参数设置如图 5-55 所示。

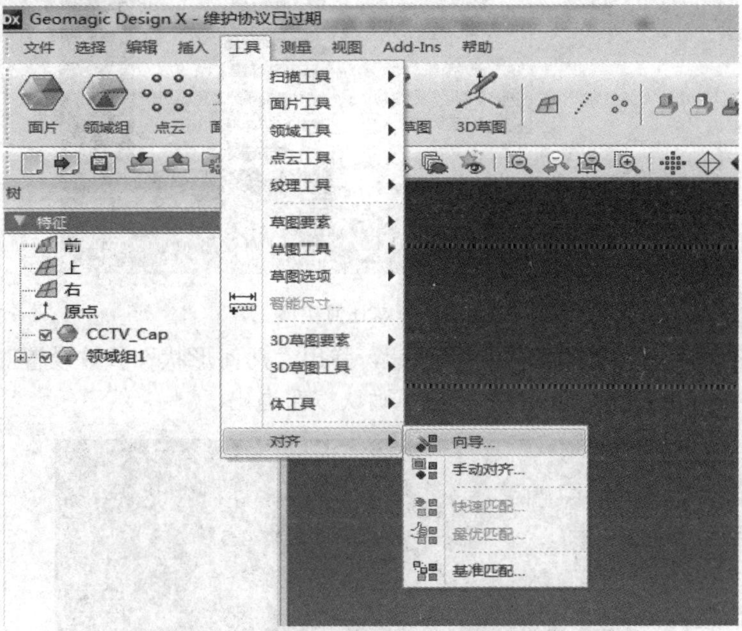

图 5-54　对齐向导工具

图 5-55　“对齐向导”参数设置

(三) 创建瓶盖实体

(1) 选择“插入”—“建模精灵”—“基础实体”命令，如图5-56所示，弹出“基础实体”参数设置对话框，参数设置如图5-57所示。

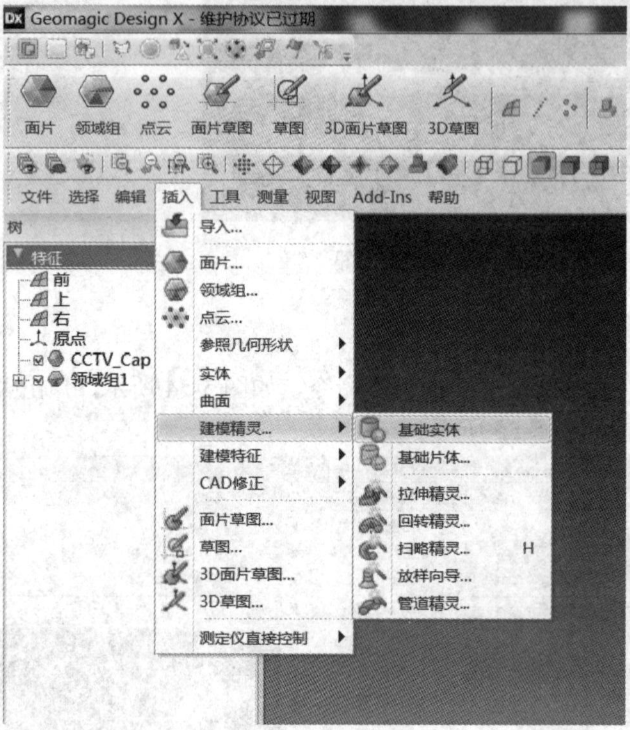

图5-56　基本几何实体工具

(2) 点击图5-57对话框中的“ ”按钮，弹出“几何形状”参数设置对话框，参数设置如图5-58所示。点击对话框中的“ ”确认按钮退出。

图5-57　“基础实体”参数设置对话框

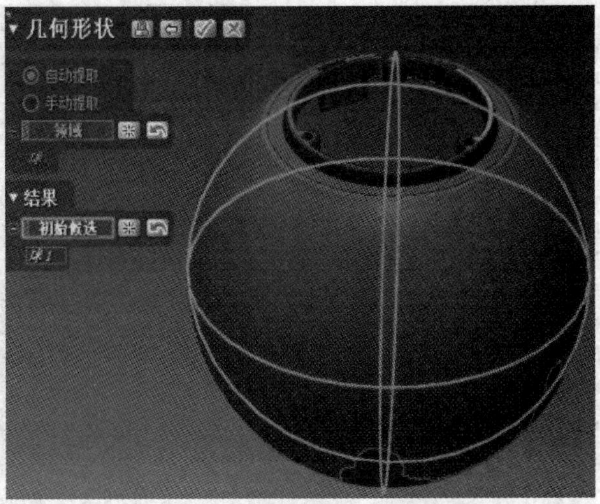

图 5-58　“几何形状”参数设置

(3) 点击左上角“”图标，如图 5-59 所示，弹出“面片草图”参数设置对话框，参数设置如图 5-60 所示。点击对话框中的“”确认按钮退出。

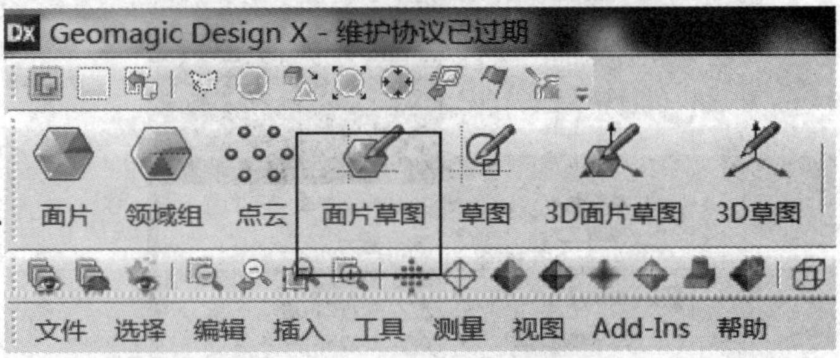

图 5-59　面片草图工具

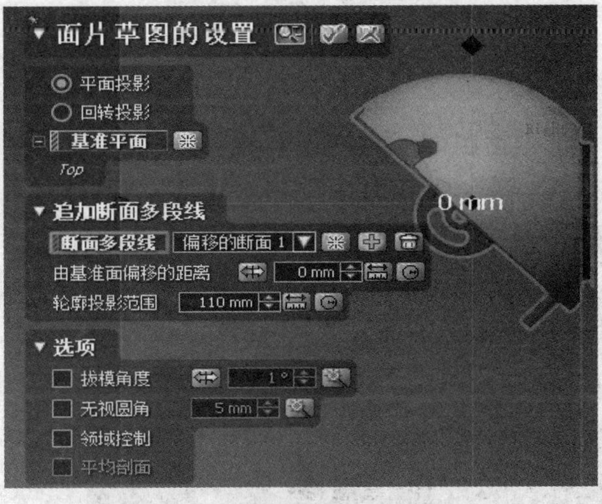

图 5-60　“面片草图”参数设置

(4) 选择“工具”—“草图要素”—“直线”命令，如图 5-61 所示，在平面上画直线，如图 5-62 所示。点击对话框中的“”确认按钮退出。

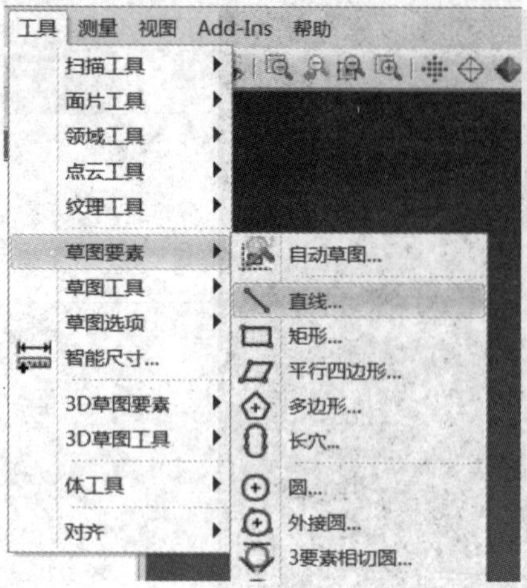

图 5-61　直线工具

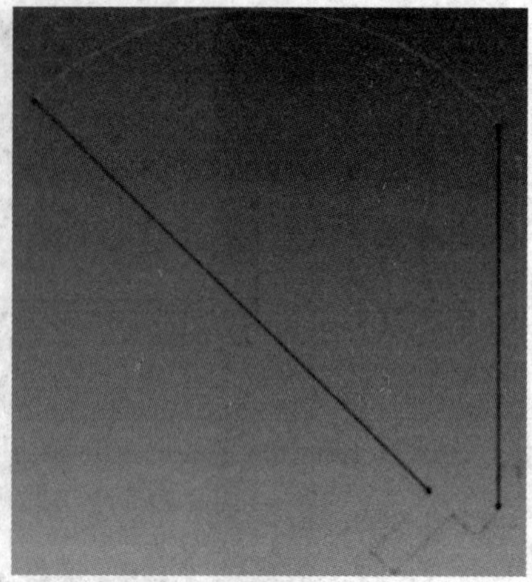

图 5-62　轮廓线提取

(5) 选择“工具”—“草图要素”—“矩形”命令，如图 5-63 所示，在平面上画直线，如图 5-64 所示。点击对话框中的“”确认按钮退出。

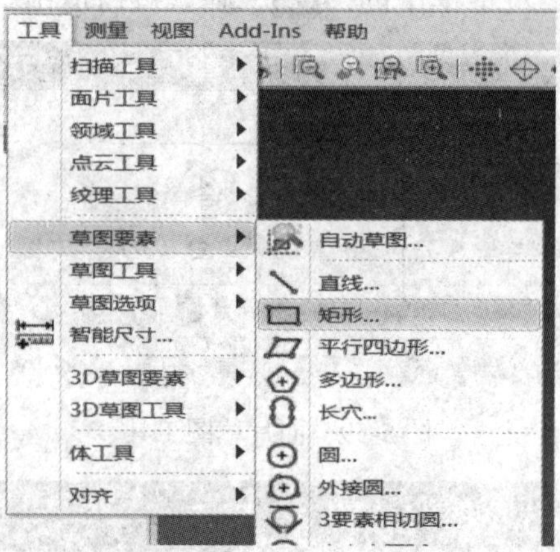

图 5-63　矩形工具

(6) 按住“Ctrl”键，双击图 5-64 中的蓝色直线，弹出“约束条件”设置对话框，将“约束条件”一栏选择“水平”，点击对话框中的“”确认按钮退出，如图 5-65 所示。

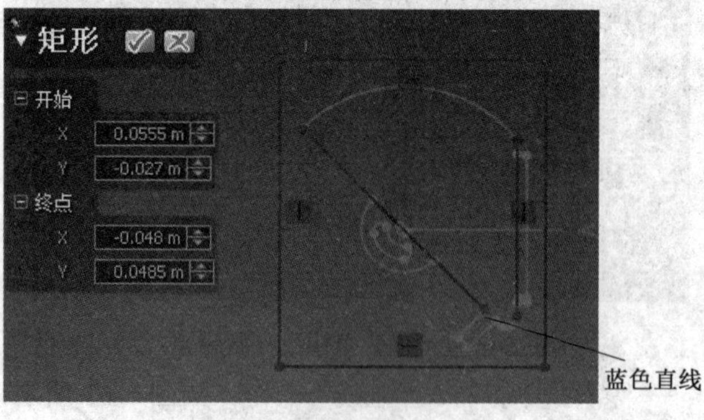

图 5-64　平面上画直线

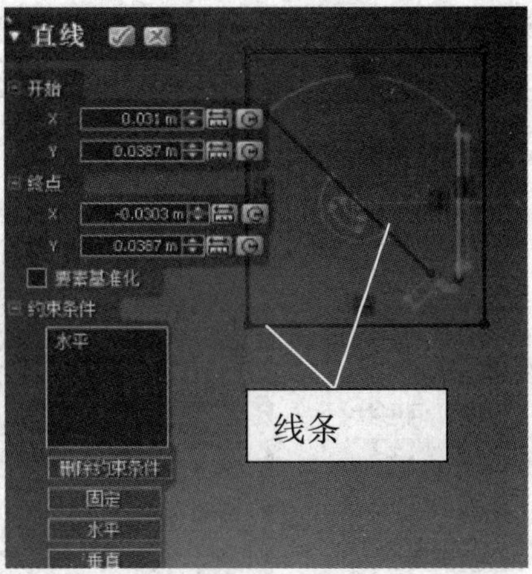

图 5-65　约束条件设置

(7) 选择“工具”—“草图工具”—“剪切”命令，如图 5-66 所示，对图 5-64 所绘草图进行修剪，如图 5-67 所示。点击对话框中的“ ”确认按钮退出。然后，点击右下角的“ ”确认按钮完成，如图 5-68 所示。

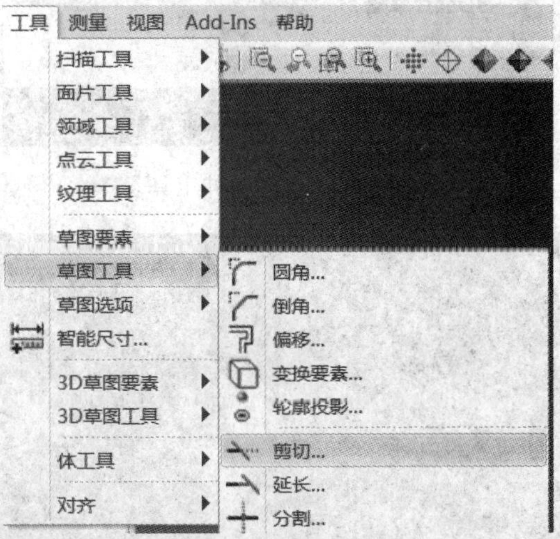

图 5-66　剪切工具

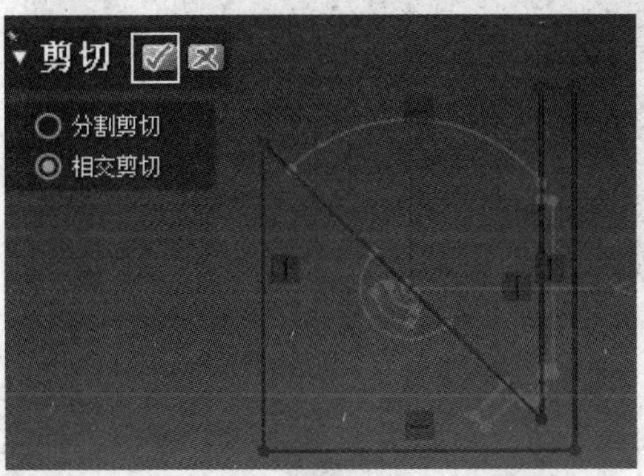

图 5-67　草图剪切

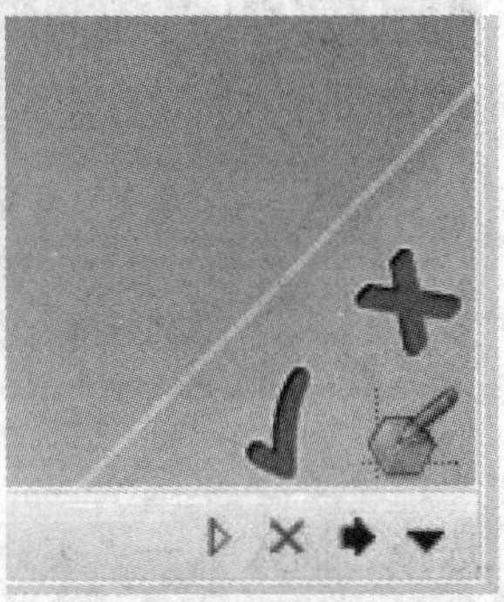

图 5-68　“确认”按钮

(8) 选择“插入”—“实体”—“拉伸”命令，如图 5-69 所示，弹出“拉伸”参数设置对话框，参数设置如图 5-70 所示。点击对话框中的“”确认按钮退出。

图 5-69　实体拉伸工具

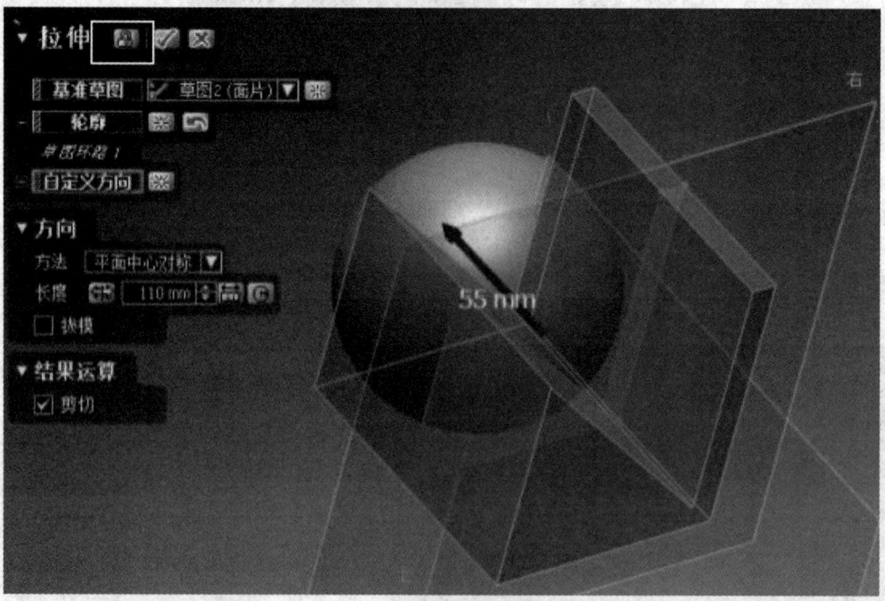

图 5-70　“拉伸”参数设置

(9) 选择“插入”—“实体”—“抽壳”命令，如图 5-71 所示，弹出“抽壳”参数设置对话框，参数设置如图 5-72 所示。点击对话框中的“”确认按钮退出。

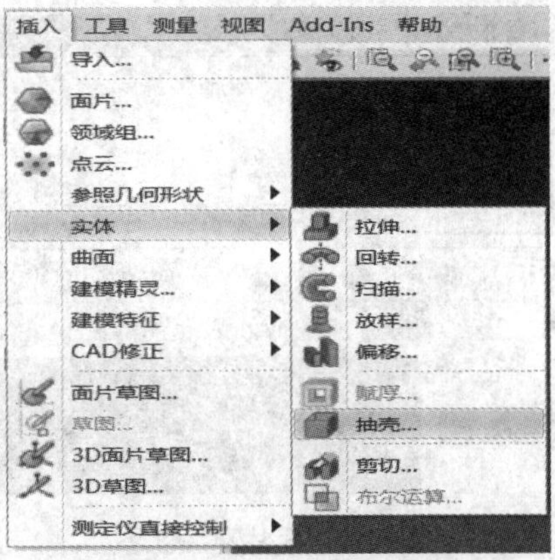

图 5-71　实体抽壳工具

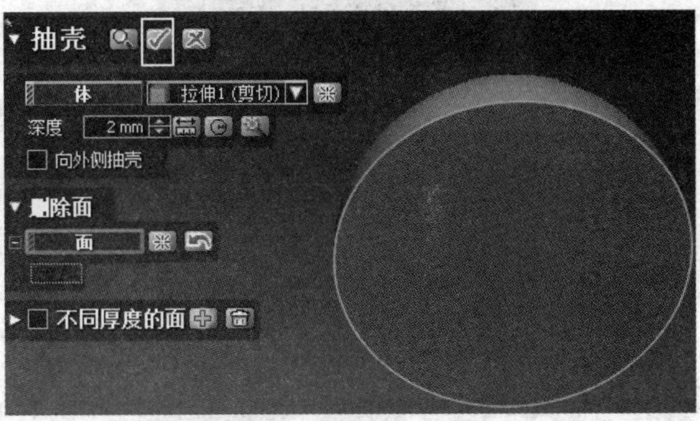

图 5-72　“抽壳”参数设置

提示：在图 5-72 中，“深度”一栏填写的数值，可以点击“　”图标进行修改。

点击图 5-72 中的“　”图标，弹出“抽壳”参数设置对话框，参数设置如图 5-73 所示。点击对话框中的“　”确认按钮退出。

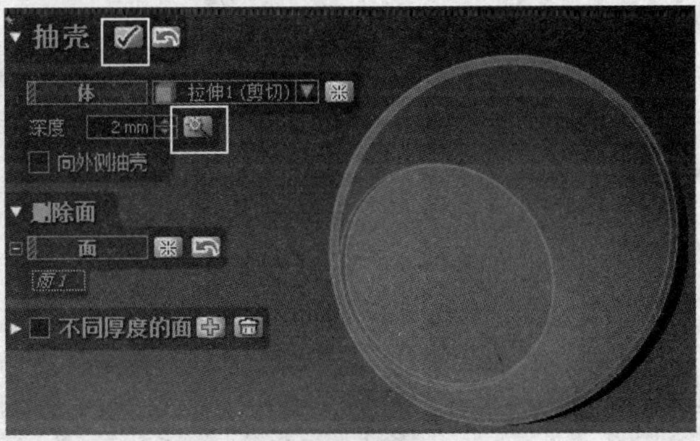

图 5-73　“抽壳”参数设置

(四) 创建连接功能形状

(1) 点击左上角的图标“　”，如图 5-74 所示，弹出“面片草图”参数设置对话框，参数设置如图 5-75 所示。点击对话框中的“　”确认按钮退出。

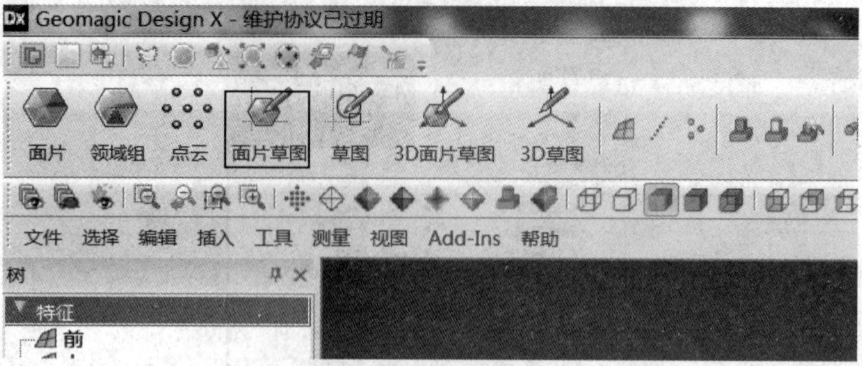

图 5-74　面片草图工具

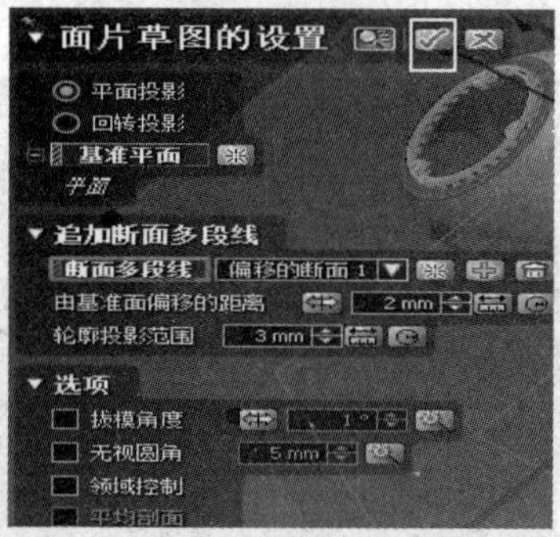

图 5-75　“面片草图”参数设置

(2) 选择“工具”—“草图要素”—“圆”命令，如图 5-76 所示，弹出“圆”参数设置对话框，参数设置如图 5-77 所示。点击对话框中的“☑”确认按钮退出。

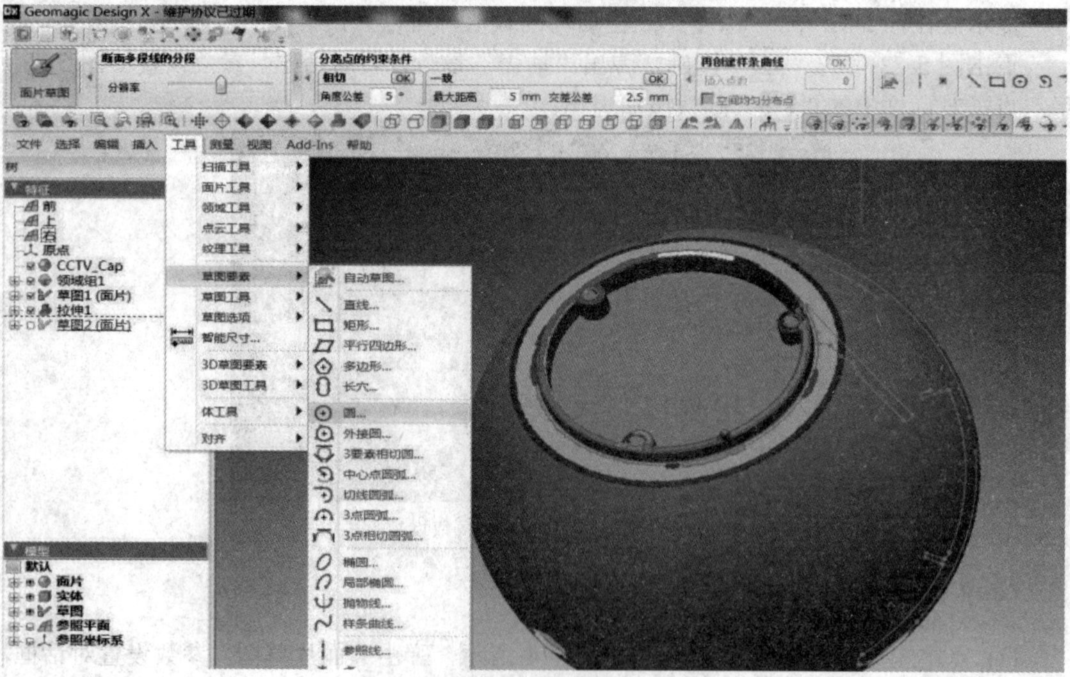

图 5-76　画圆工具

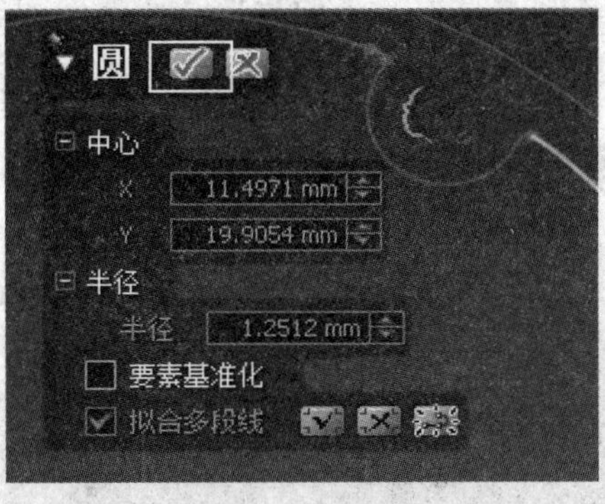

图 5-77　“圆”参数设置

(3) 选择“工具”—“草图要素”—“参照线”命令，如图 5-78 所示，弹出“直线”参数设置对话框，参数设置如图 5-79 所示。点击对话框中的“”确认按钮退出。

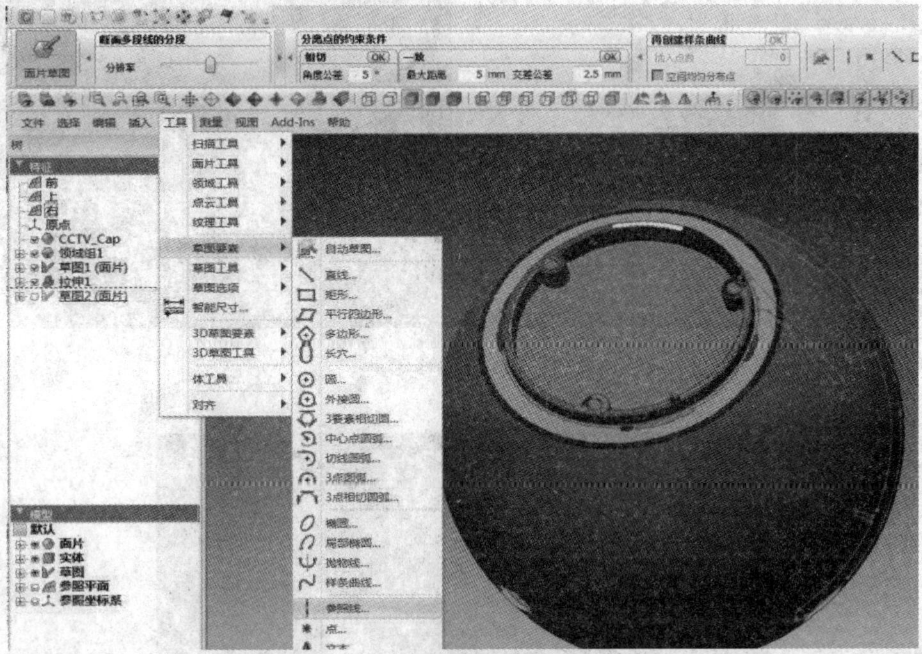

图 5-78　草图参照线工具

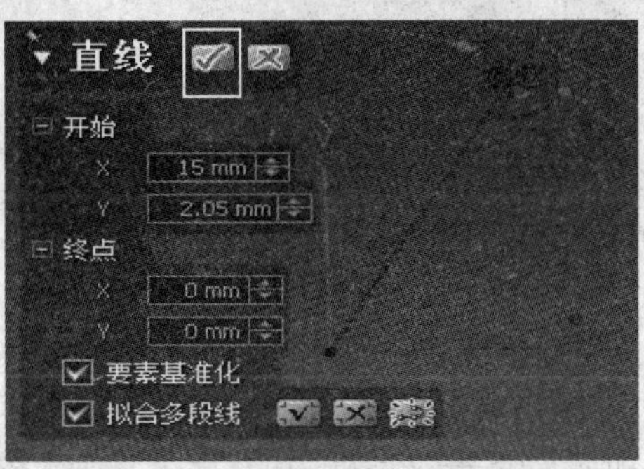

图 5-79　“直线”参数设置

(4) 选择“工具”—“草图工具”—“偏移”命令，如图 5-80 所示，弹出“偏移”参数设置对话框，参数设置如图 5-81 所示。点击对话框中的“☑”确认按钮退出。

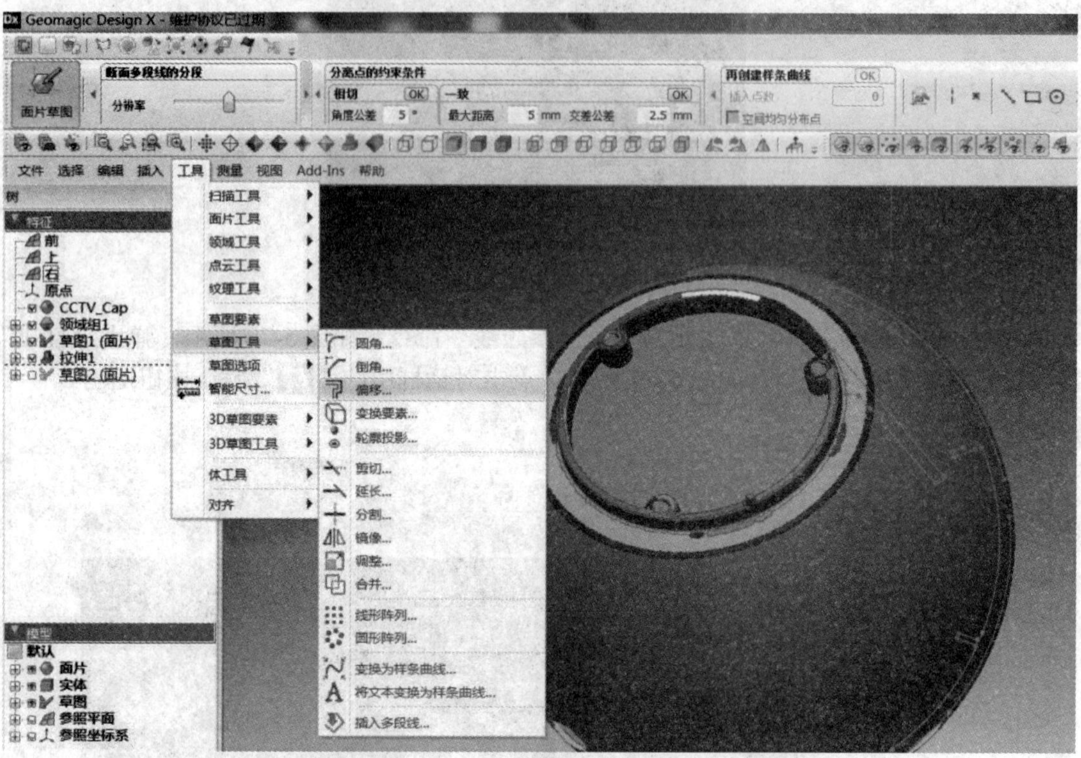

图 5-80　偏移工具

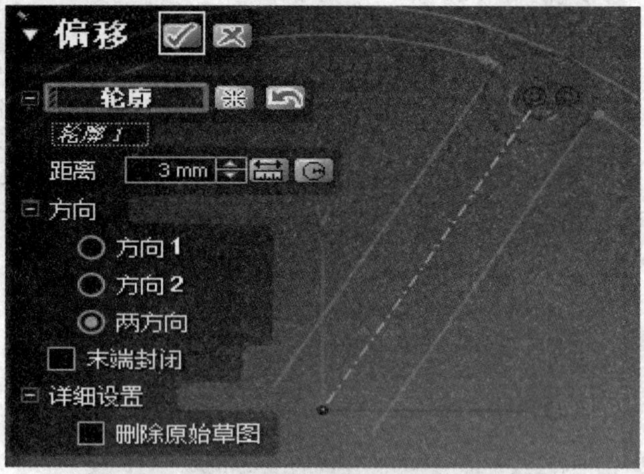

图 5-81　“偏移”参数设置

(5) 选择“工具”—“草图工具”—“调整”命令，如图 5-82 所示，弹出“调整”参数设置对话框，如图 5-83 所示。点击对话框中的“☑”确认按钮退出。

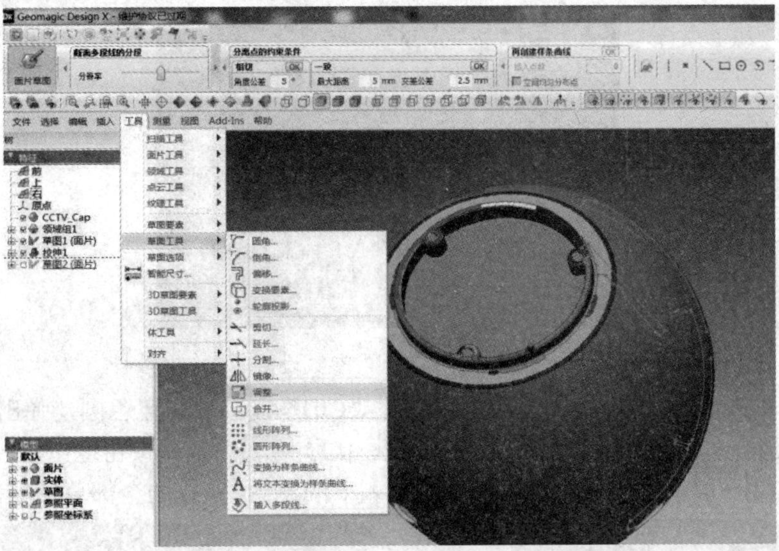

图 5-82 调整工具

图 5-83 “调整”参数设置

(6) 选择“工具”—“草图要素”—“圆”命令，如图 5-84 所示，弹出“圆”参数设置对话框，参数设置如图 5-85 所示。点击对话框中的“”确认按钮退出。

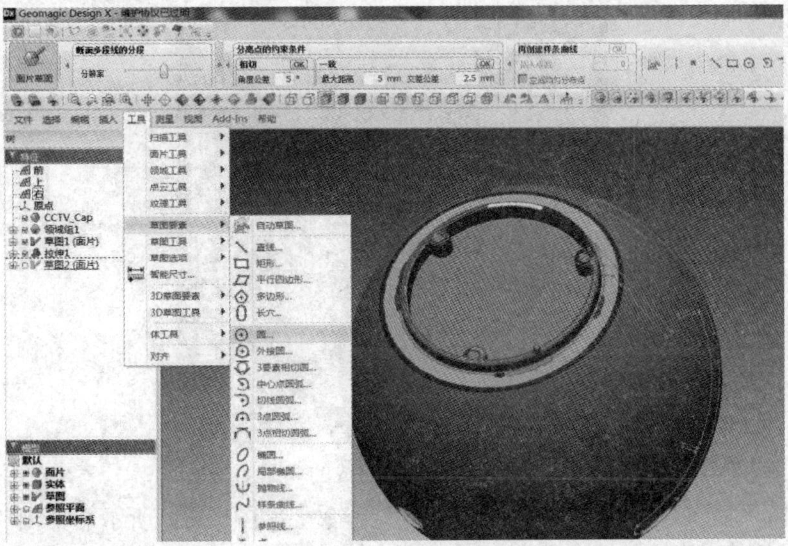

图 5-84 绘制圆工具

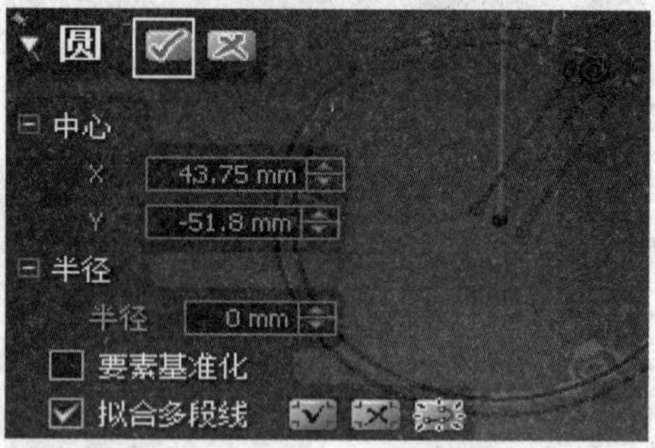

图 5-85　“圆”参数设置

(7) 选择如图 5-85 中标出的直线，再按住“Ctrl”键，双击蓝色圆，弹出“约束条件”参数设置对话框，如图 5-86 所示。点击对话框中的“”确认按钮退出。

(8) 重复(2)～(7)步的操作，绘制另外两个剩下的草图，完成的全部草图如图 5-87 所示。

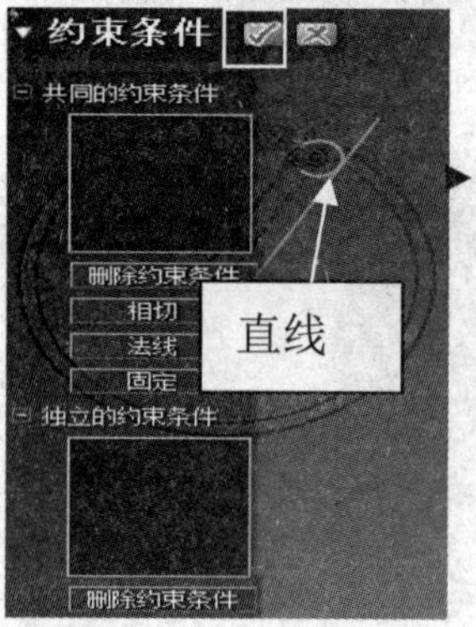

图 5-86　“约束条件”参数设置

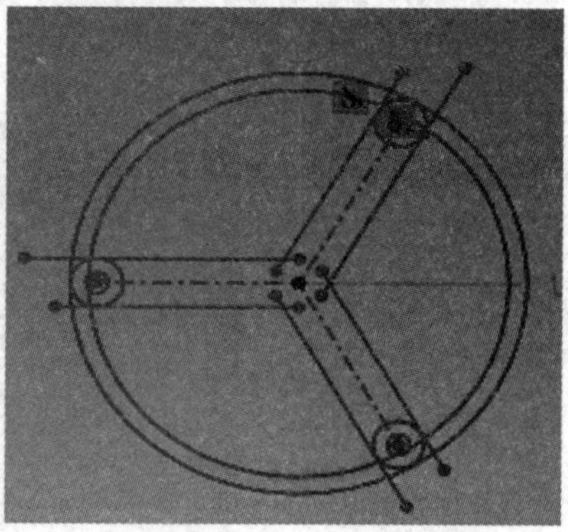

图 5-87　全部草图

(9) 选择“工具”—“草图工具”—“剪切”命令，对图 5-87 所绘草图进行修剪，如图 5-88 所示，点击对话框中的“”确认按钮退出。

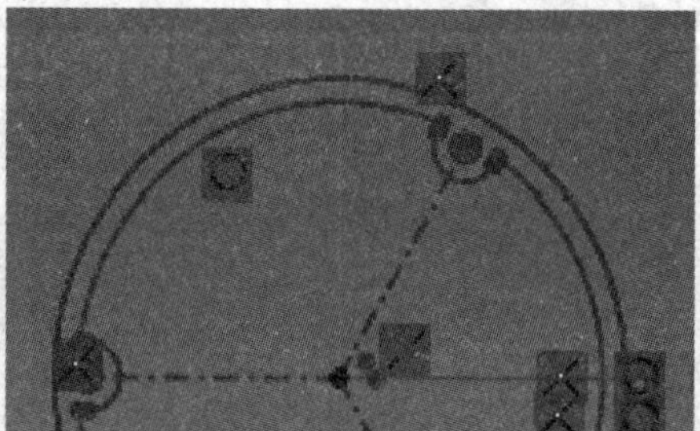

图 5-88　修剪完成的草图

(10) 选择“插入”—“实体”—“拉伸”命令，如图 5-89 所示，弹出“拉伸”参数设置对话框，如图 5-90 所示。再点击对话框中的“”确认按钮退出。

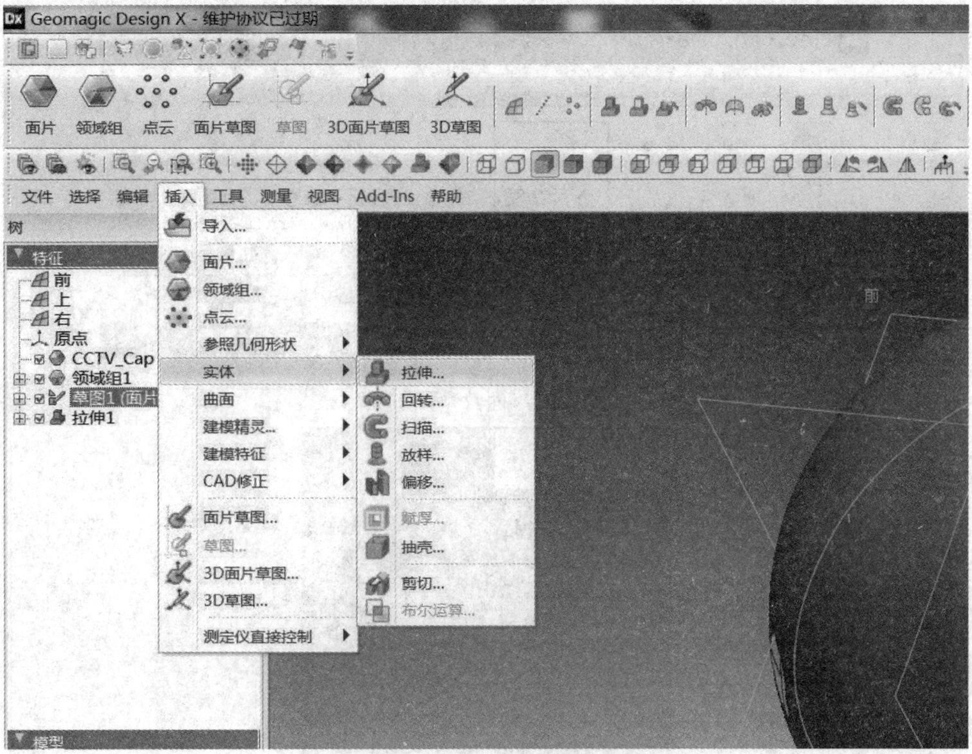

图 5-89　拉伸工具

(11) 重复第(10)步的操作，弹出“拉伸”参数设置对话框，参数设置如图 5-90 所示，点击对话框中的“☑”确认按钮退出。

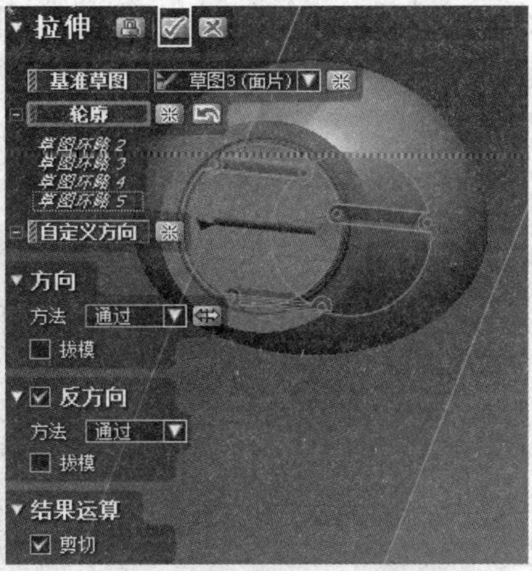

图 5-90　“拉伸”参数设置

(五) 添加附属功能

(1) 点击左上角面片草图图标，如图 5-91 所示，弹出“基准平面”参数设置对话框，参数设置如图 5-92 所示，点击“☑”确认按钮退出。

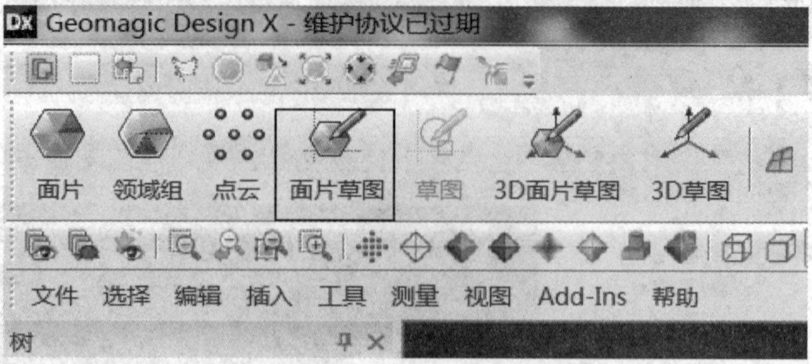

图 5-91　面片草图工具

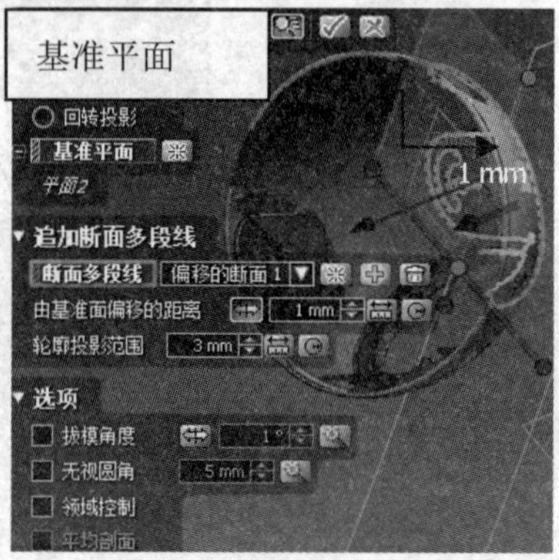

图 5-92　“基准平面”参数设置

(2) 选择“工具”—“草图要素”—“中心点圆弧”命令，如图 5-93 所示，弹出“中心圆弧”参数设置对话框，参数设置如图 5-94 所示，点击“”确认按钮退出。

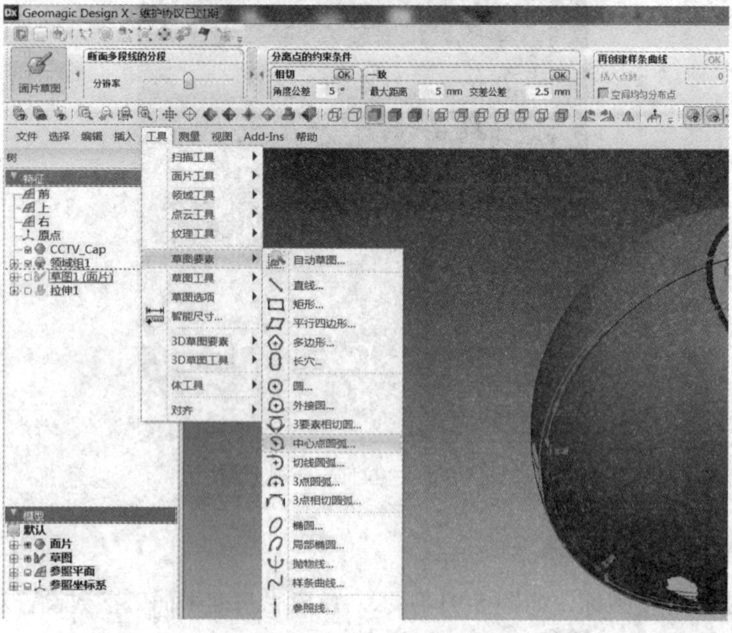

图 5-93　中心点圆弧工具

图 5-94　“中心圆弧”参数设置

(3) 选择“工具”—“草图工具”—“偏移”命令，如图 5-95 所示，弹出“偏移”参数设置对话框，参数设置如图 5-96 所示，点击“ ”确认按钮退出。

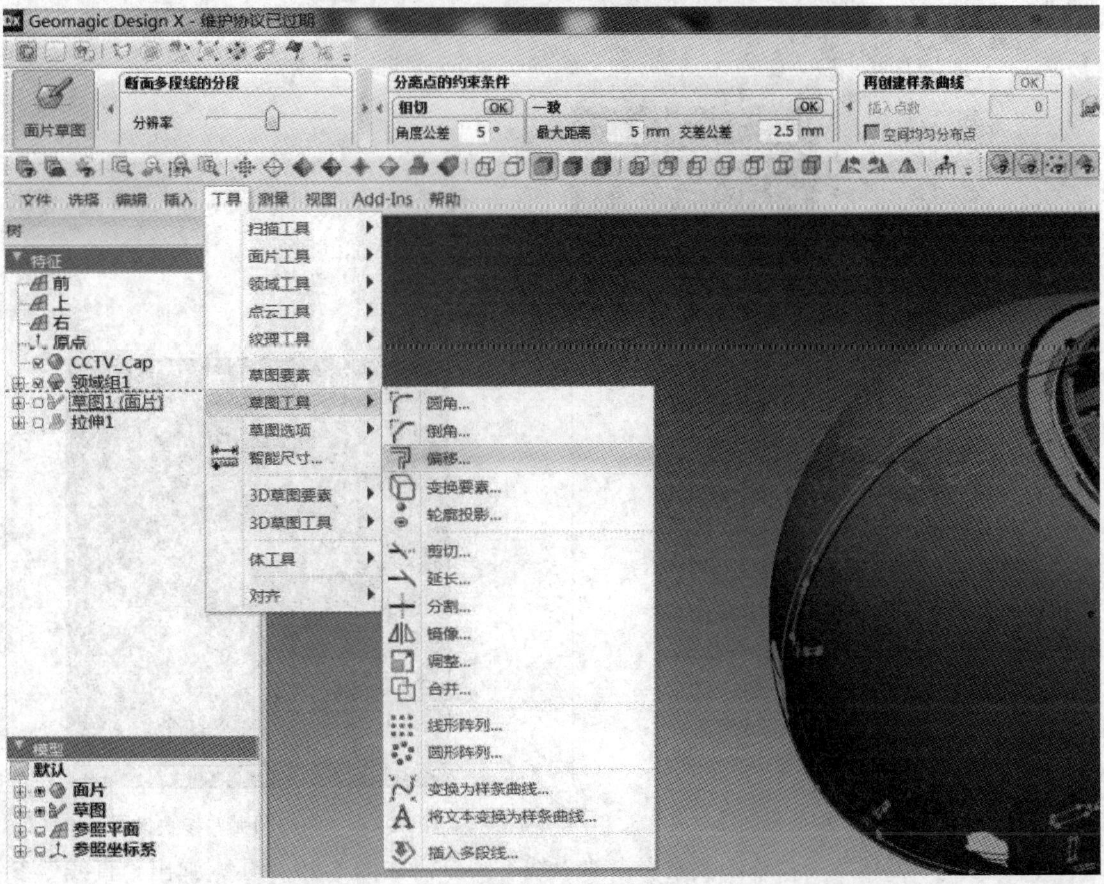

图 5-95　偏移工具

(4) 重复步骤(3)的操作，弹出“偏移”参数设置对话框，选择“两方向”，点击“ ”确认按钮退出。

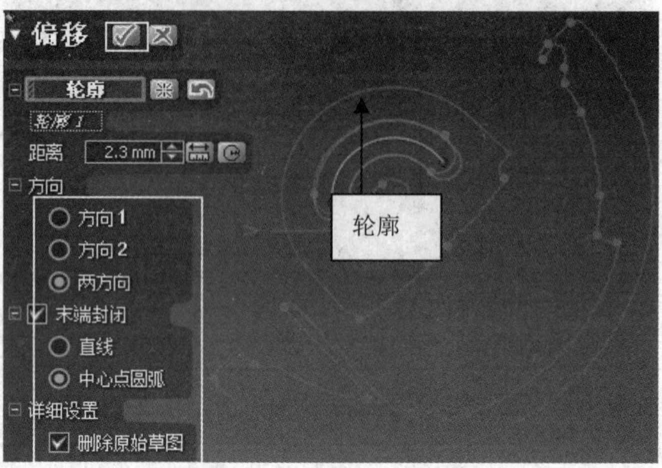

图 5-96　“偏移”参数设置

(5) 选择“工具”—“草图要素”—“中心点圆弧”命令，如图 5-97 所示，弹出“中心圆弧”参数设置对话框，参数设置如图 5-98 所示，点击“ ”确认按钮退出。

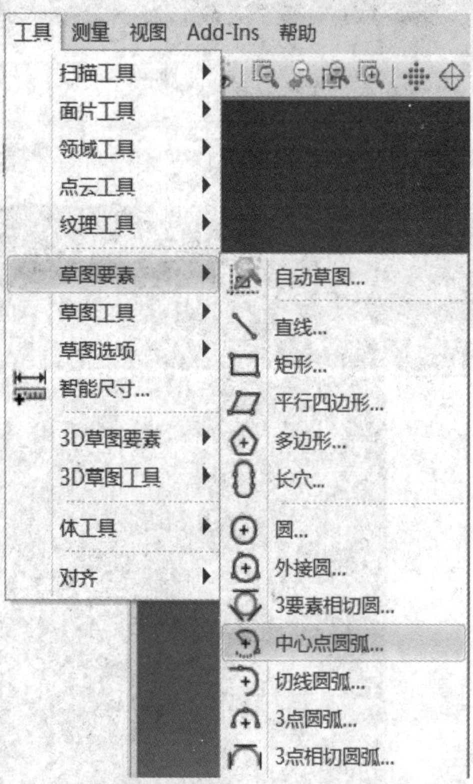

图 5-97　中心点圆弧工具

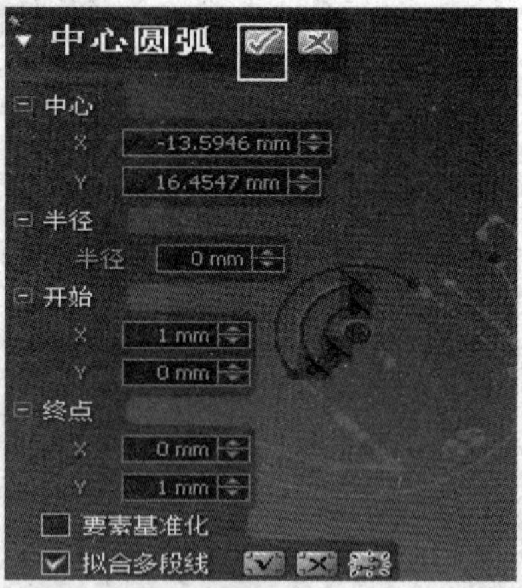

图 5-98　“中心圆弧”参数设置

(6) 选择“工具”—“草图要素”—“直线”命令，如图 5-99 所示，弹出“直线”参数设置对话框，参数设置如图 5-100 所示，点击“ ”确认按钮退出。

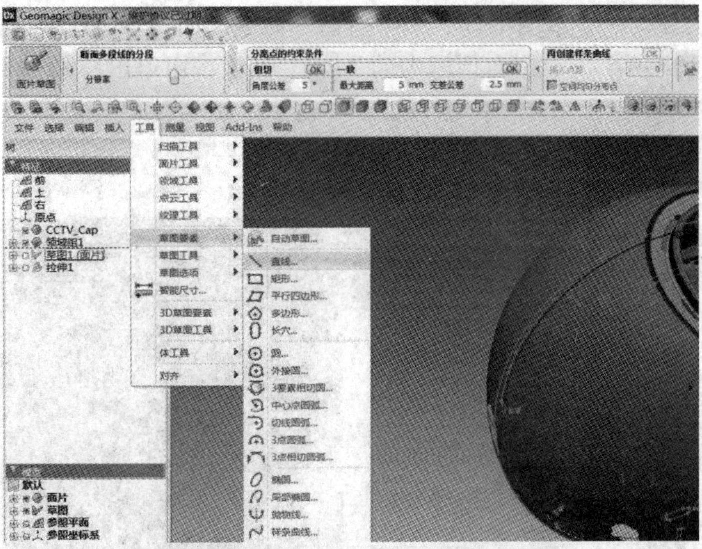

图 5-99　直线工具

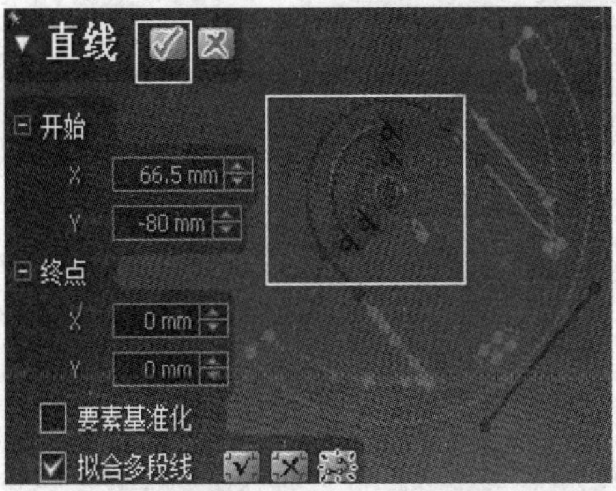

图 5-100　“直线”参数设置

(7) 选择图 5-100 中的直线，然后按住“Ctrl”键，双击图中的深色圆弧，弹出“约束条件”参数设置对话框，如图 5-101 所示，将“约束条件”一栏选择“相切”，点击“”确认按钮退出。

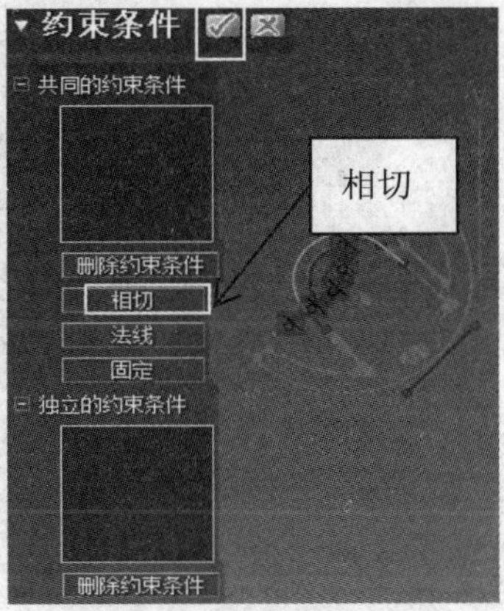

图 5-101　约束条件

(8) 选择“工具”—“草图工具”—“剪切”命令，如图 5-102 所示，对所绘草图进行修剪，如图 5-103 所示，点击对话框中的“”确认按钮退出。

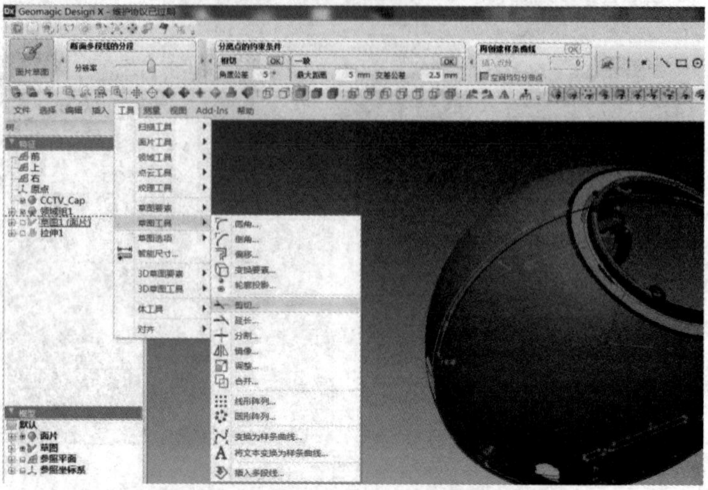

图 5-102　剪切工具

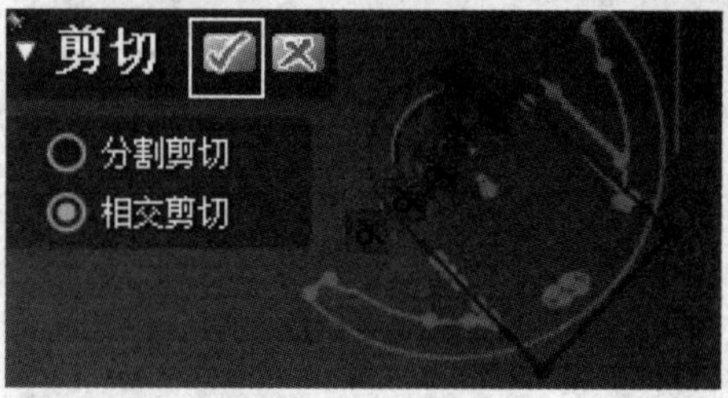

图 5-103　剪切草图

(9) 选择“插入”—“实体”—“拉伸”命令，如图 5-104 所示，弹出“拉伸”参数设置对话框，参数设置如图 5-105 所示，点击“”确认按钮退出。

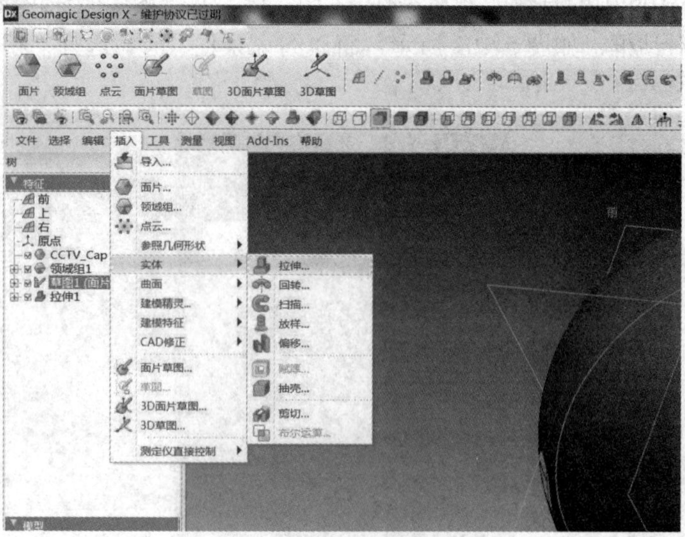

图 5-104　拉伸工具

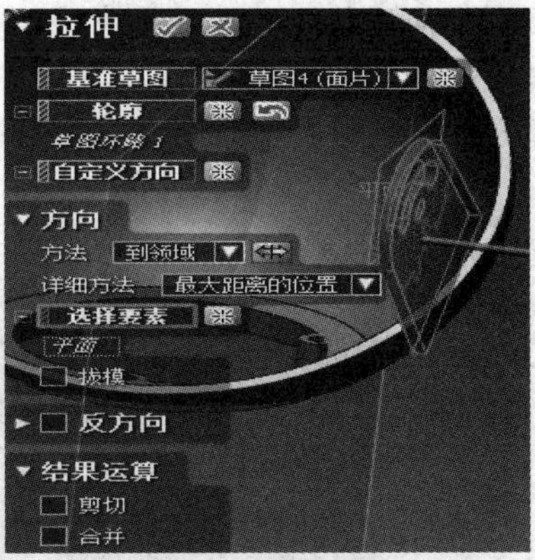

图 5-105　“拉伸”参数设置

(10) 选择“插入”—“参照几何形状”—“点”命令，如图 5-106 所示，弹出“追加参照点”参数设置对话框，参数设置如图 5-107 所示，点击“ ”确认按钮退出。

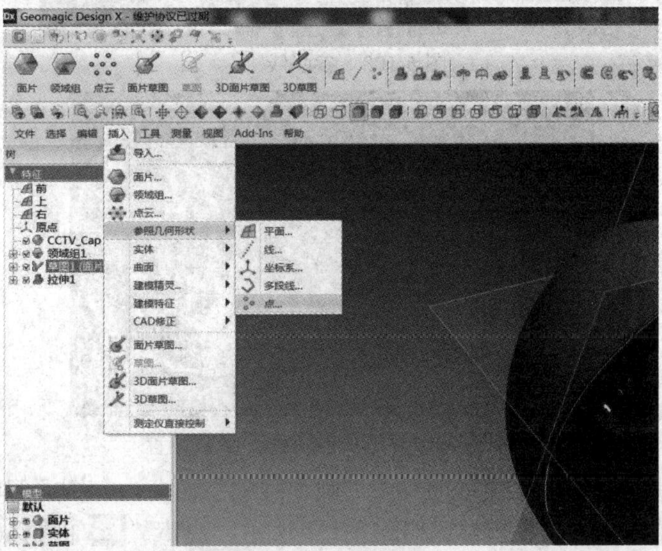

图 5-106　参照点工具

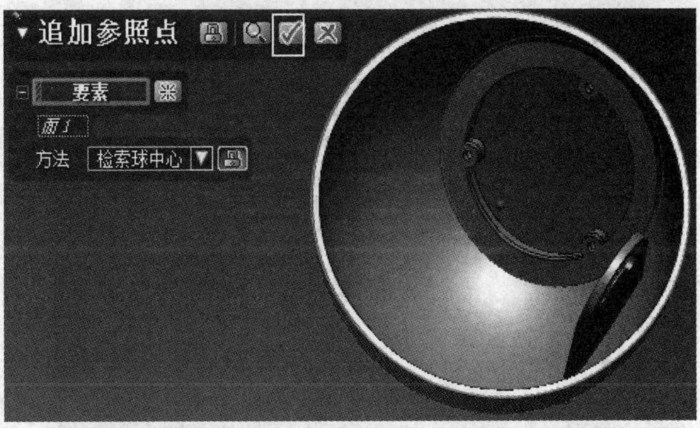

图 5-107　“追加参照点”参数设置

(11) 选择“插入”—“参照几何形状”—“线”命令，如图 5-108 所示，弹出“追加参照线”参数设置对话框，参数设置如图 5-109 所示，点击“”确认按钮退出。

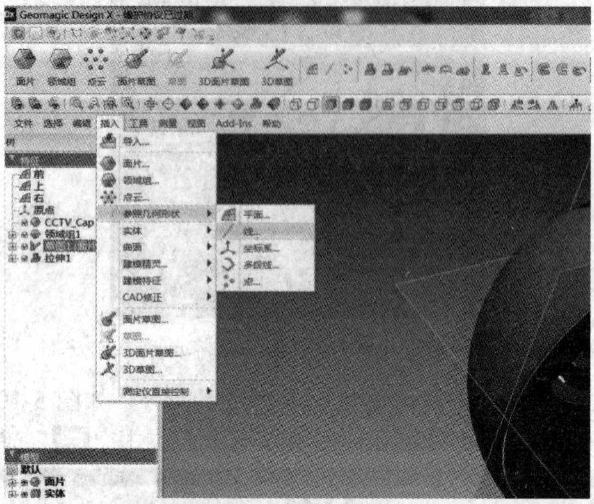

图 5-108　参照线工具

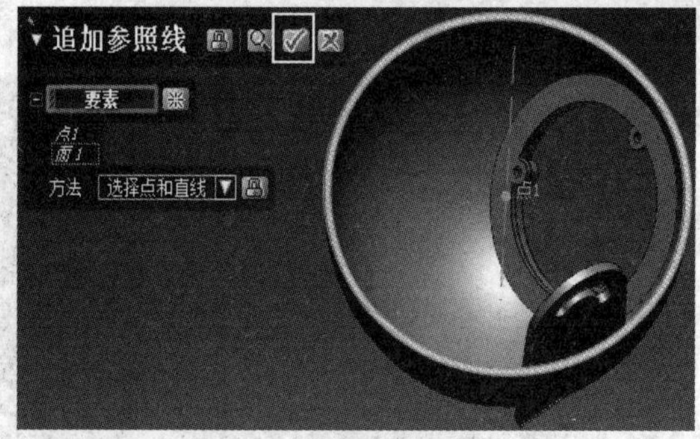

图 5-109　“追加参照线”参数设置

(12) 选择“插入”—“建模特征”—“圆形阵列”命令，如图 5-110 所示，弹出“圆形阵列”参数设置对话框，参数设置如图 5-111 所示，点击“”确认按钮退出。

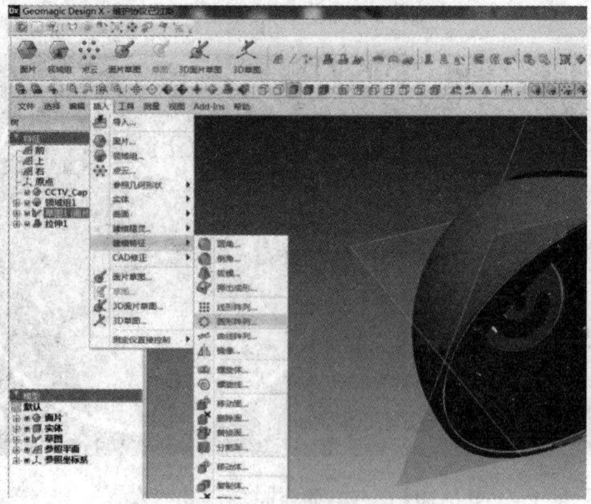

图 5-110　圆形阵列工具

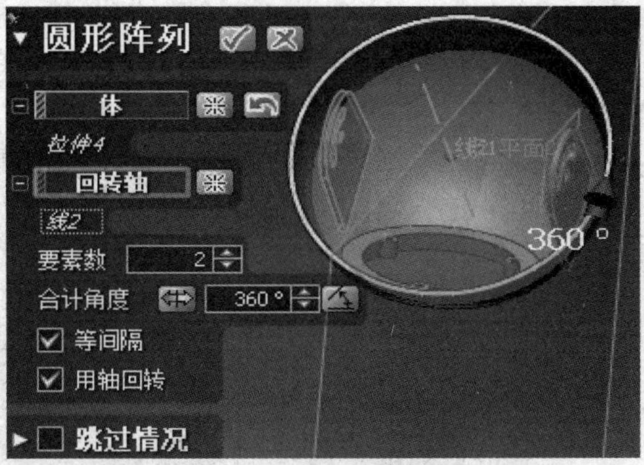

图 5-111　“圆形阵列”参数设置

(13) 点击左上角“ ”图标，如图 5-112 所示，弹出“面片草图的设置”参数设置对话框，如图 5-113 所示，点击“ ”确认按钮退出。

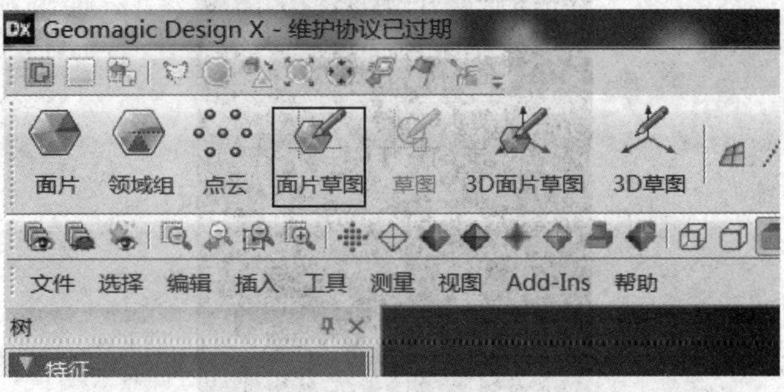

图 5-112　面片草图工具

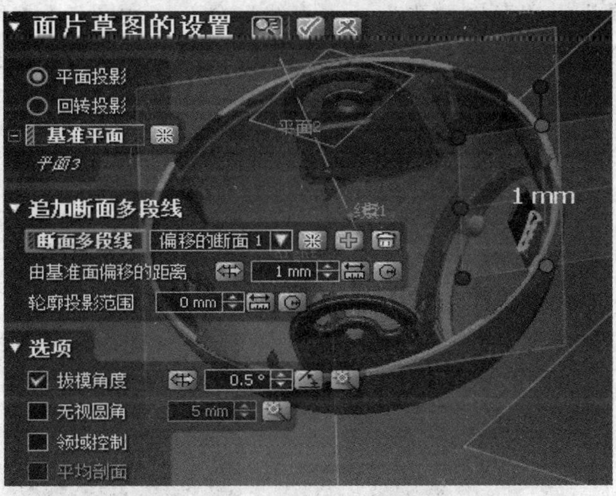

图 5-113　“面片草图的设置”参数设置

(14) 选择“工具”—“草图要素”—“中心点圆弧”命令，如图 5-114 所示，弹出“中心圆弧”参数设置对话框，参数设置如图 5-115 所示，点击“ ”确认按钮退出。

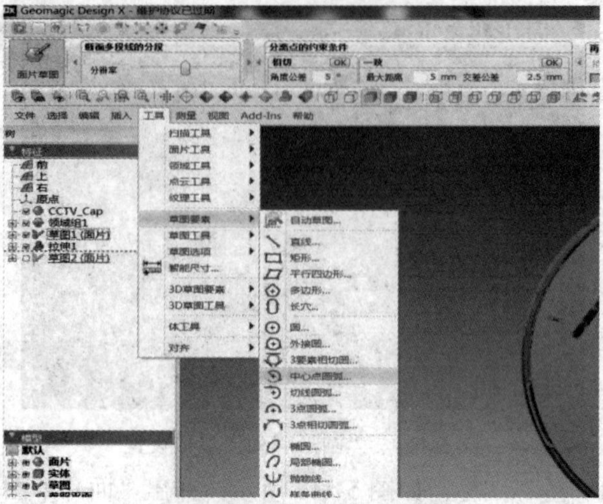

图 5-114　中心点圆弧工具

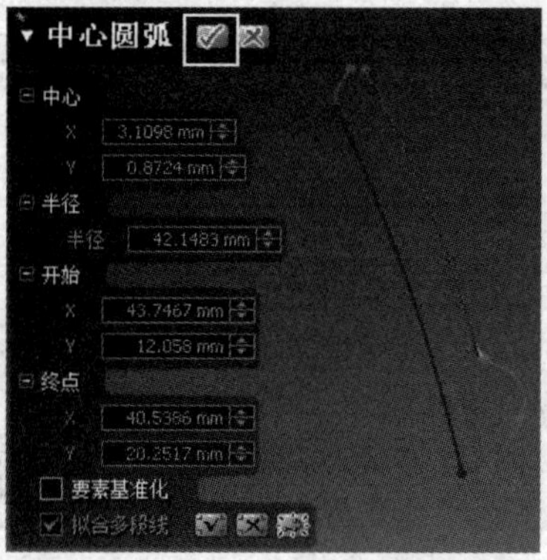

图 5-115　“中心圆弧”参数设置

(15) 选择“工具”—“草图要素”—“直线”命令，如图 5-116 所示，弹出“直线”参数设置对话框，参数设置如图 5-117 所示，点击“☑”确认按钮退出。

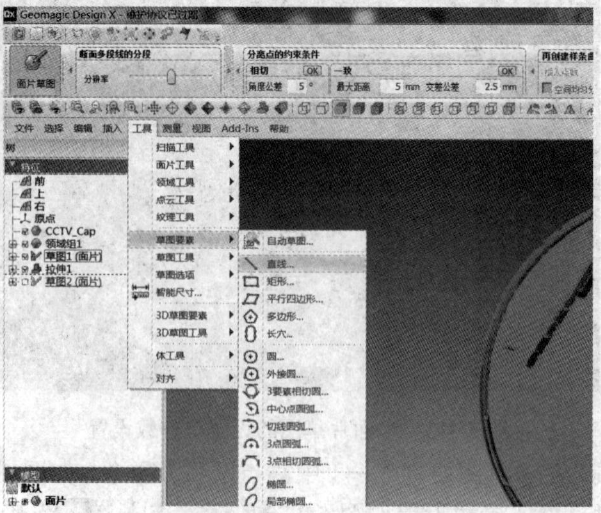

图 5-116　直线工具

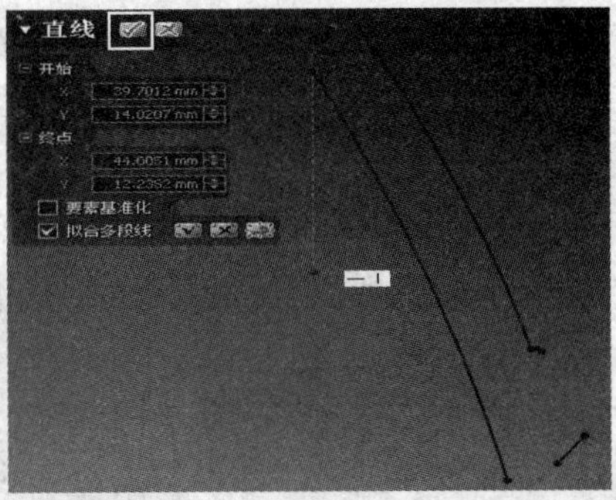

图 5-117　“直线”参数设置

(16) 选择“工具”—“草图工具”—“圆角”命令，如图 5-118 所示，弹出“圆角”参数设置对话框，更改圆角大小，如图 5-119 所示，点击“ ”确认按钮退出。

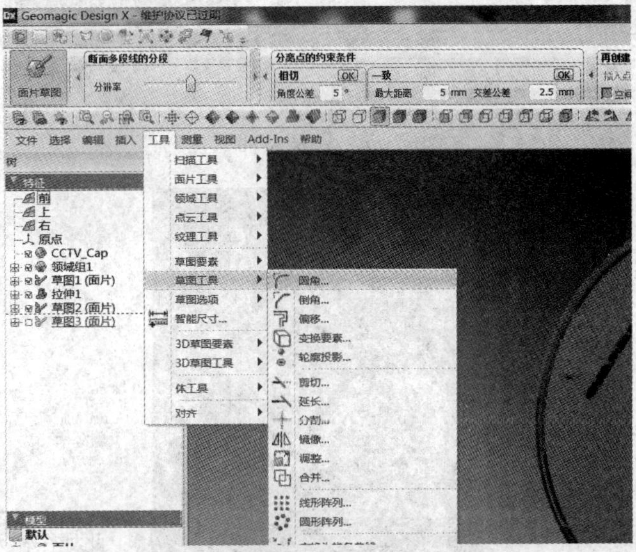

图 5-118　圆角工具

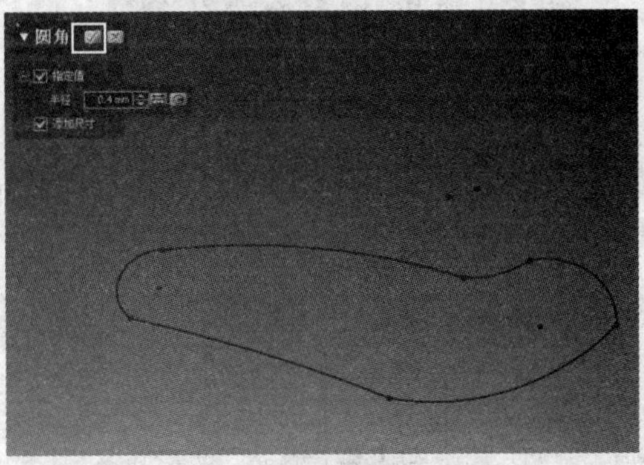

图 5-119　“圆角”参数设置

(17) 选择“插入”—“实体”—“拉伸”命令，如图 5-120 所示，弹出“拉伸”参数设置对话框，并在对话框中设置拔模角度，参数设置如图 5-121 所示，点击“ ”确认按钮退出。

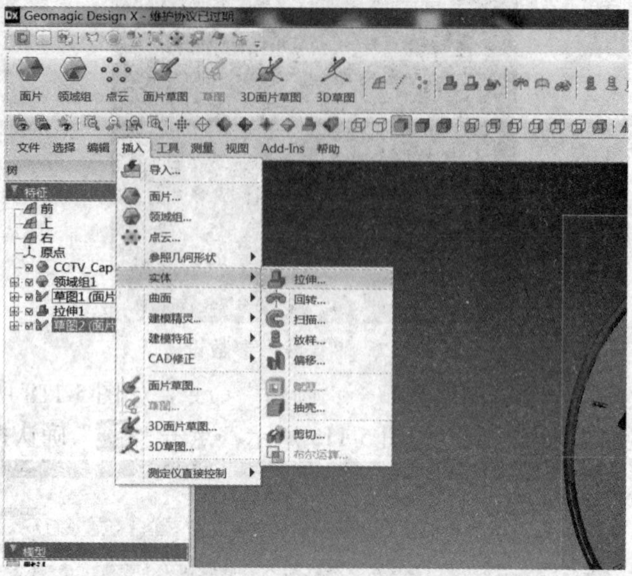

图 5-120　实体拉伸工具

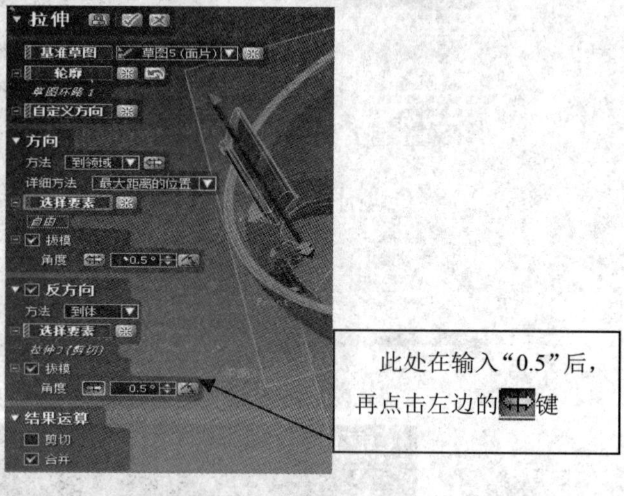

图 5-121　“拉伸拔模”参数设置

(18) 点击左上角“”图标，如图 5-122 所示，弹出“面片草图的设置”参数设置对话框，参数设置如图 5-123 所示，点击“”确认按钮退出。

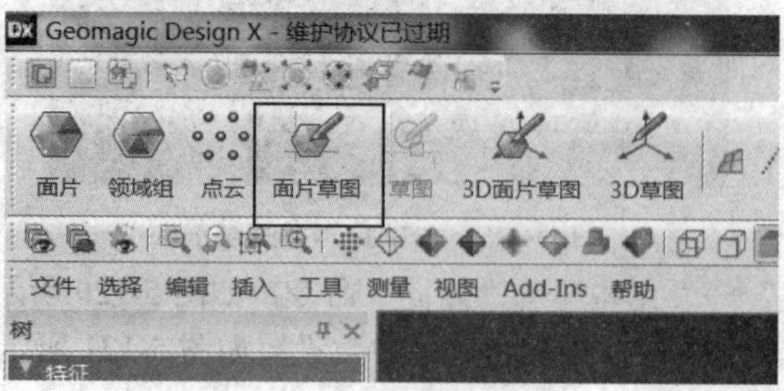

图 5-122　面片草图工具

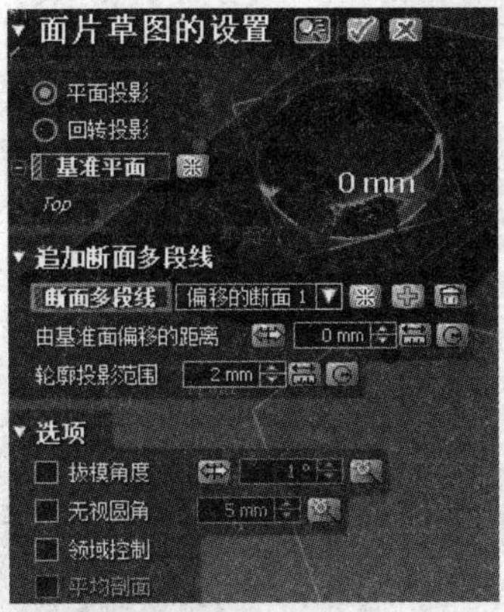

图 5-123 “面片草图的设置”参数设置

(19) 选择“工具”—“草图要素”—“直线”命令，如图 5-124 所示，完成如图 5-125 所示绘制直线，点击“”确认按钮退出。

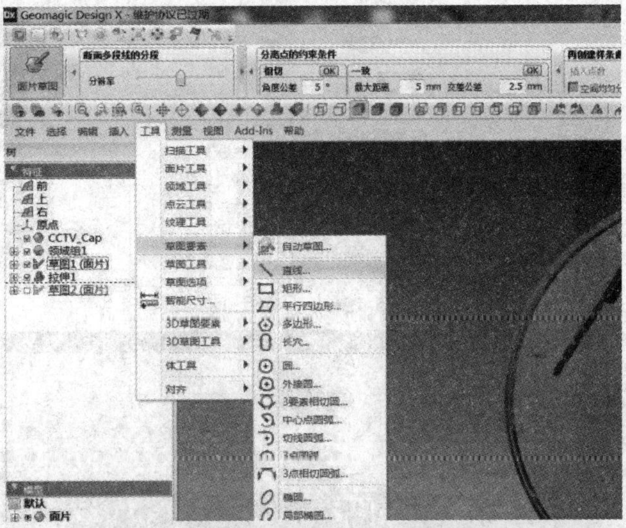

图 5-124 直线工具

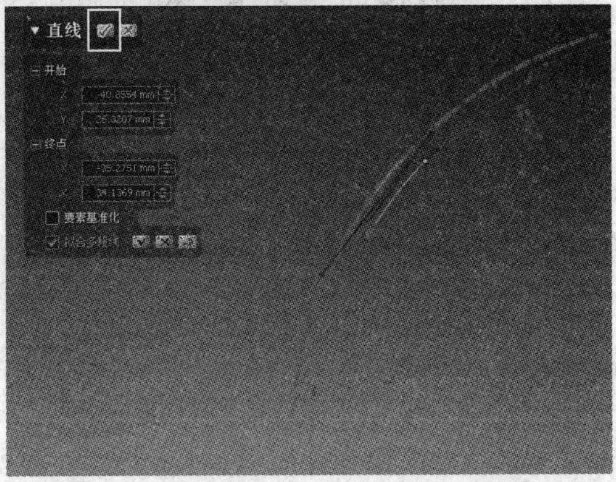

图 5-125 绘制直线

(20) 选择“工具”—“草图工具”—“剪切”命令，如图 5-126 所示，对图 5-125 所绘草图进行修剪，如图 5-127 所示，点击“”确认按钮退出。

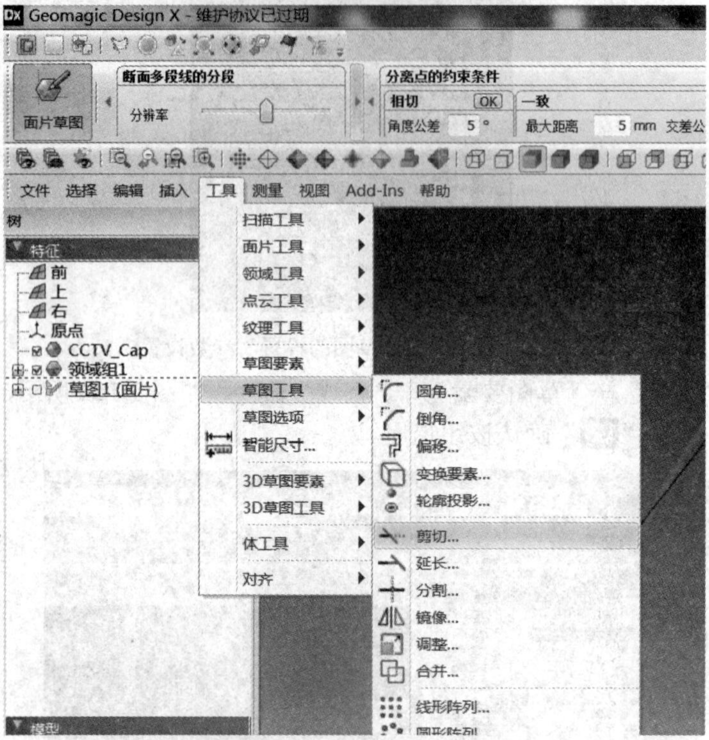

图 5-126　剪切工具

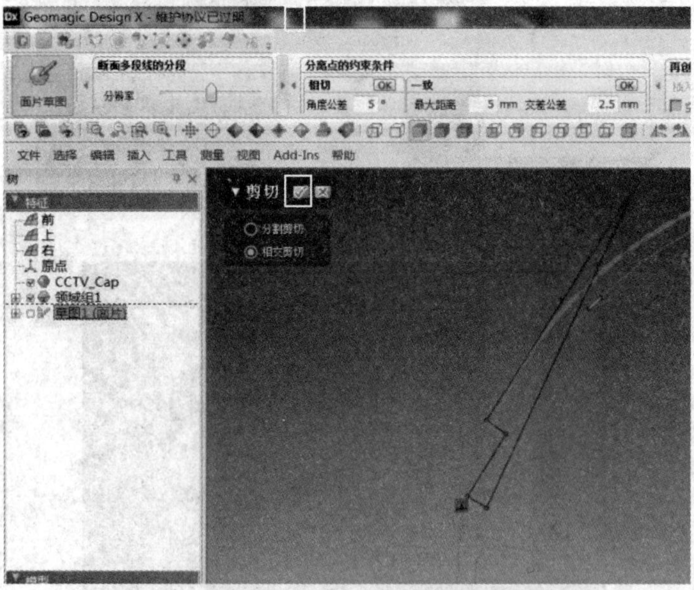

图 5-127　“剪切”参数设置

(21) 选择“工具”—“智能尺寸”命令，如图 5-128 所示，对所绘草图进行尺寸设置，如图 5-129 所示，点击“”确认按钮退出。

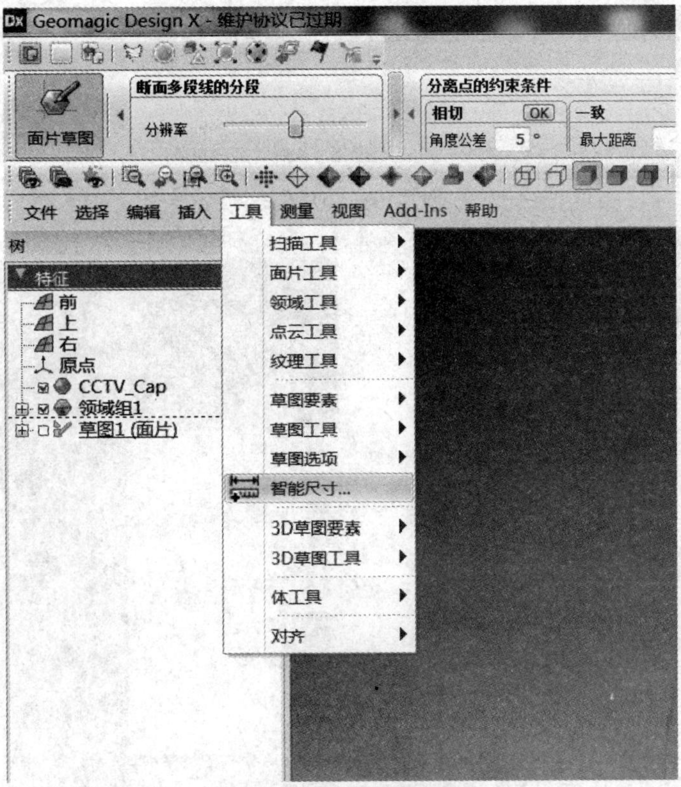

图 5-128　智能尺寸工具条

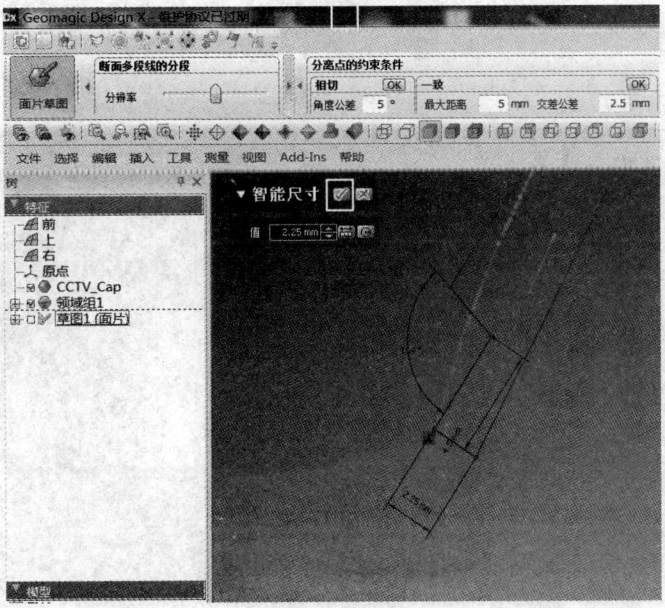

图 5-129　智能尺寸设置

(22) 选择“插入”—“实体”—“拉伸”命令，如图 5-130 所示，弹出“拉伸”参数设置对话框，参数设置如图 5-131 所示，点击“”确认按钮退出。

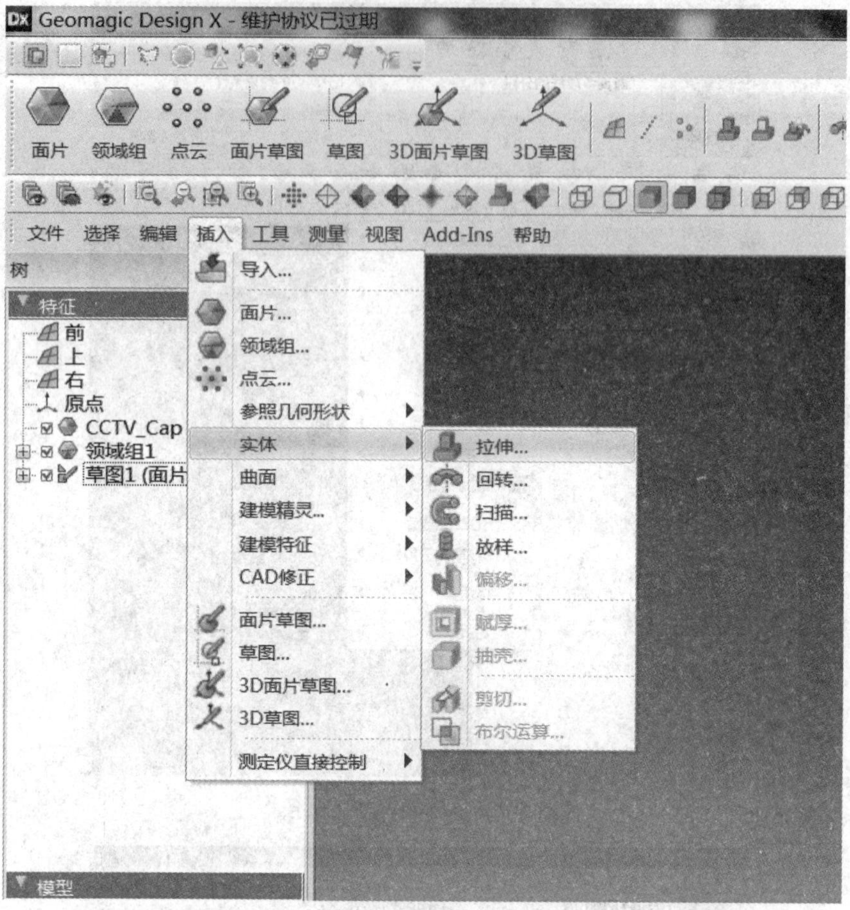

图 5-130　拉伸工具

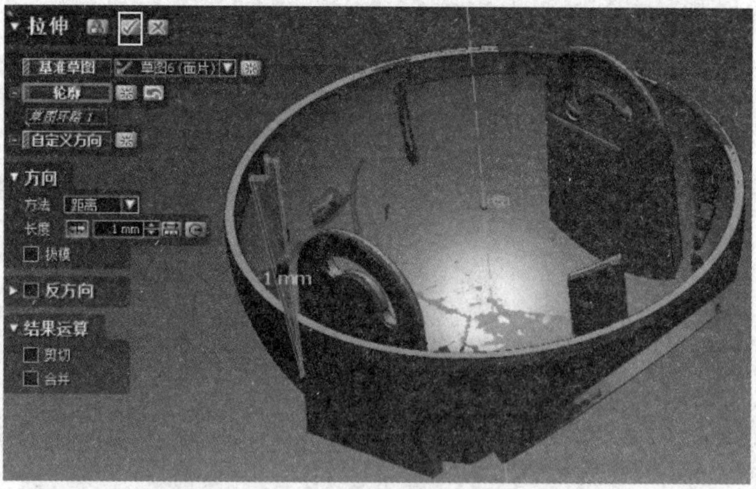

图 5-131　“拉伸”参数设置

(23) 选择“插入”—“建模特征”—“圆形阵列”命令，如图 5-132 所示，弹出“圆形阵列”参数设置对话框，参数设置如图 5-133 所示，点击“☑”确认按钮退出。

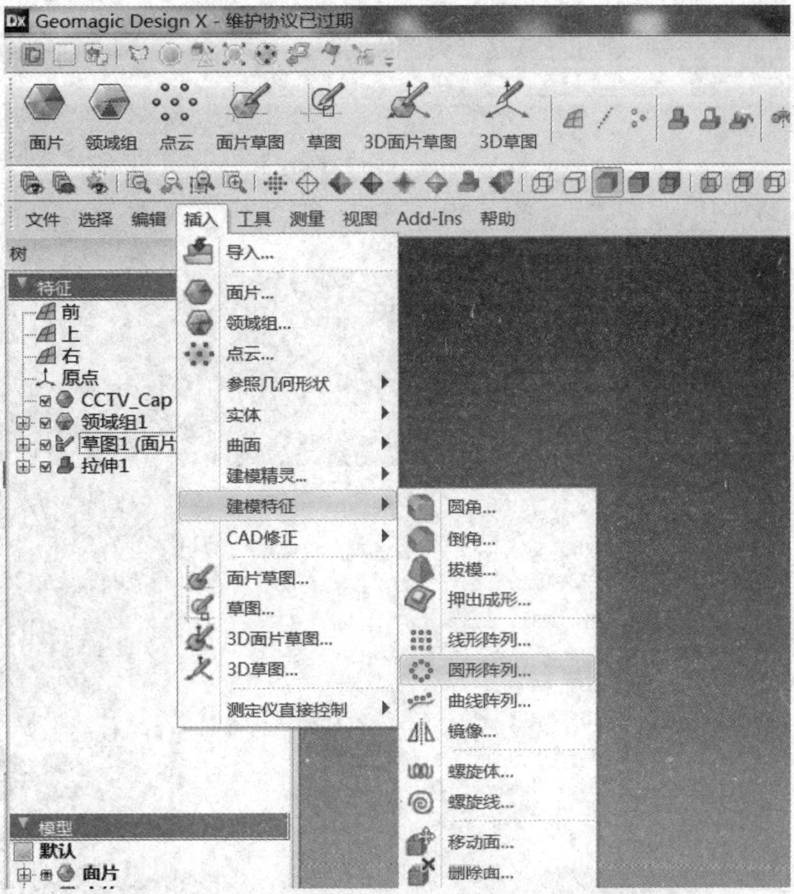

图 5-132　圆形阵列工具

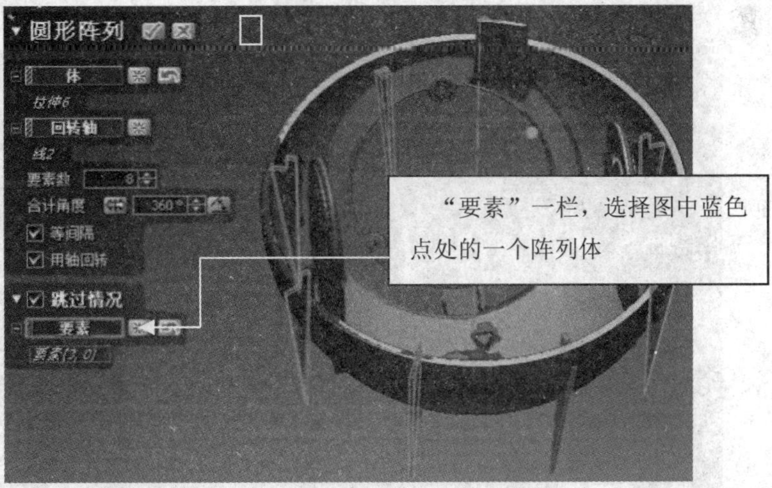

图 5-133　“圆形阵列”参数设置

(24) 选择“插入”—“曲面”—“偏移”命令，如图 5-134 所示，弹出“曲面偏移”参数设置对话框，参数设置如图 5-135 所示，点击“ ”确认按钮退出。

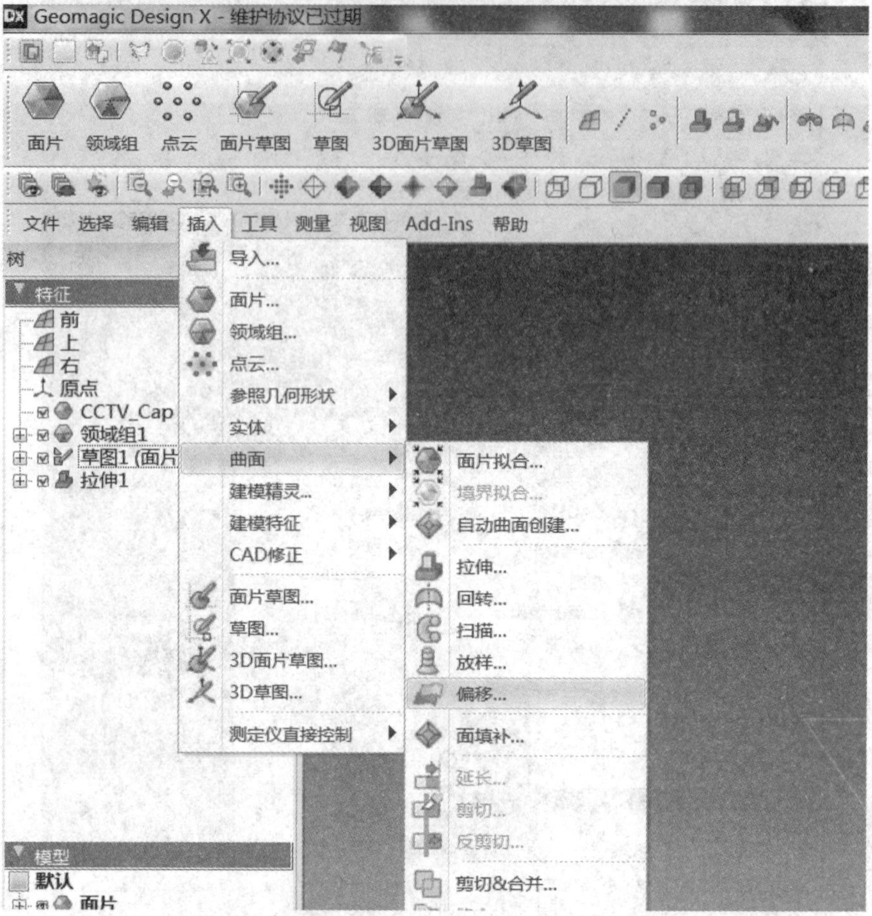

图 5-134　曲面偏移工具

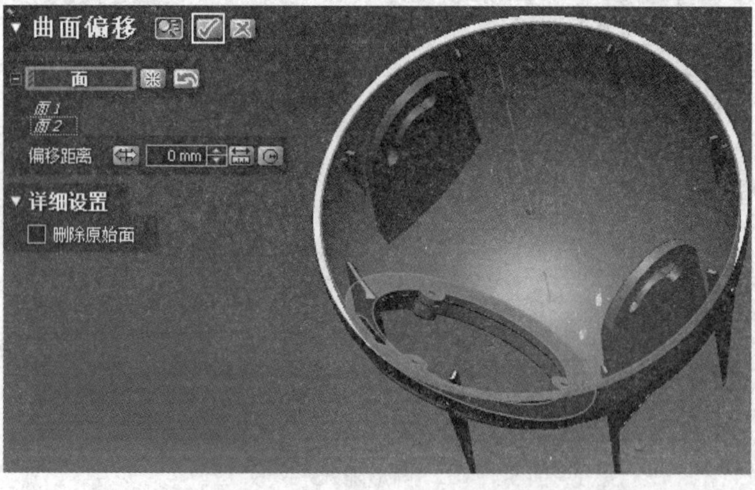

图 5-135　“曲面偏移”参数设置

(25) 选择“插入”—“实体”—“剪切”命令，如图 5-136 所示，弹出“剪切”参数设置 1 对话框，参数设置如图 5-137 所示，点击“☑”确认按钮退出。

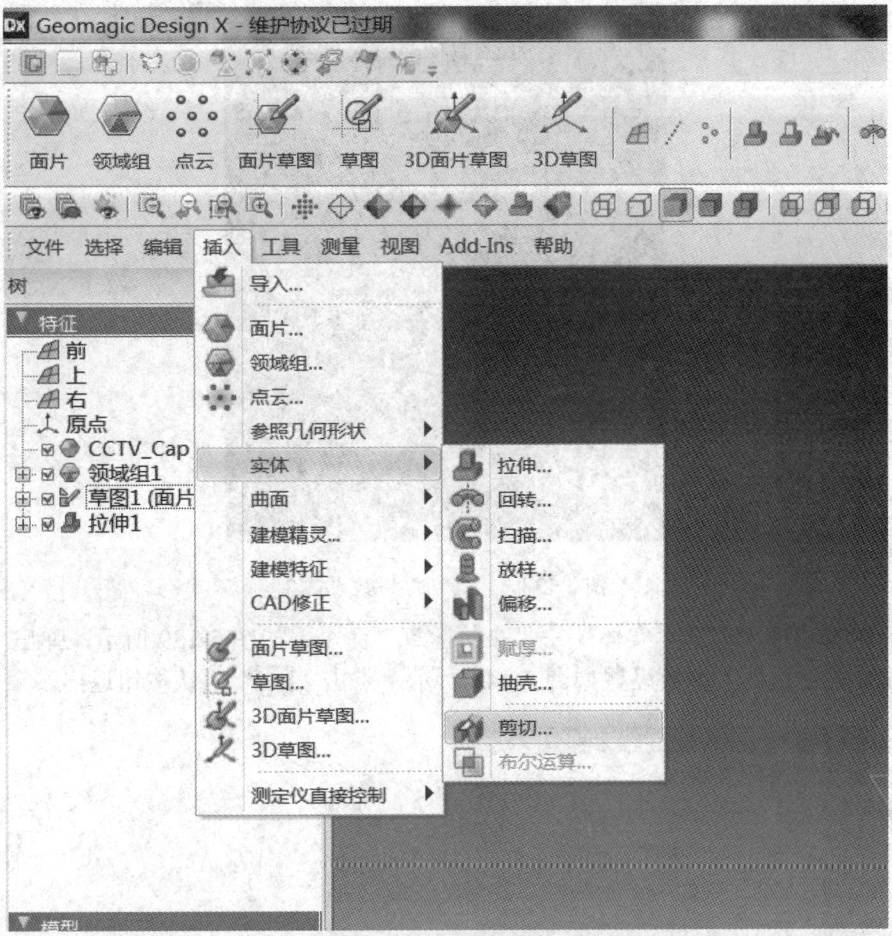

图 5-136　实体剪切工具

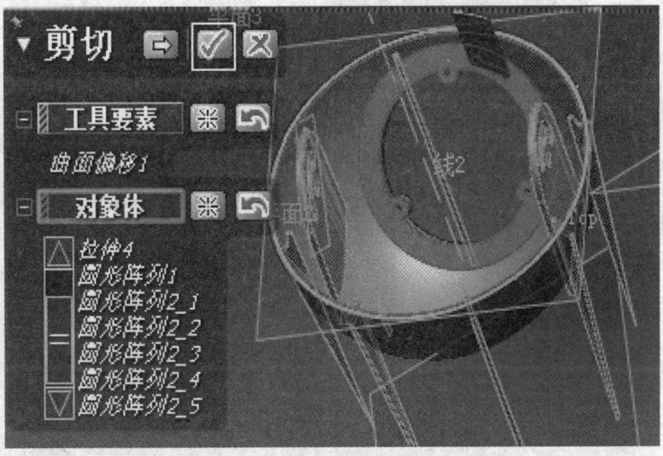

图 5-137　“剪切”参数设置 1

(26) 点击图 5-137 对话框中的“ ”按钮，弹出“剪切”参数设置 2 对话框，如图 5-138 所示，点击“ ”确认按钮退出。

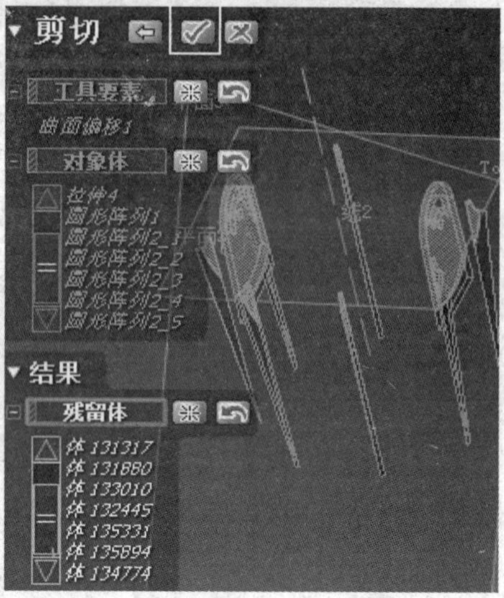

图 5-138　“剪切”参数设置 2

(27) 选择“插入”—“实体”—“布尔运算”命令，如图 5-139 所示，弹出“布尔运算”参数设置对话框，参数设置如图 5-140 所示，点击“![确认]”确认按钮退出。

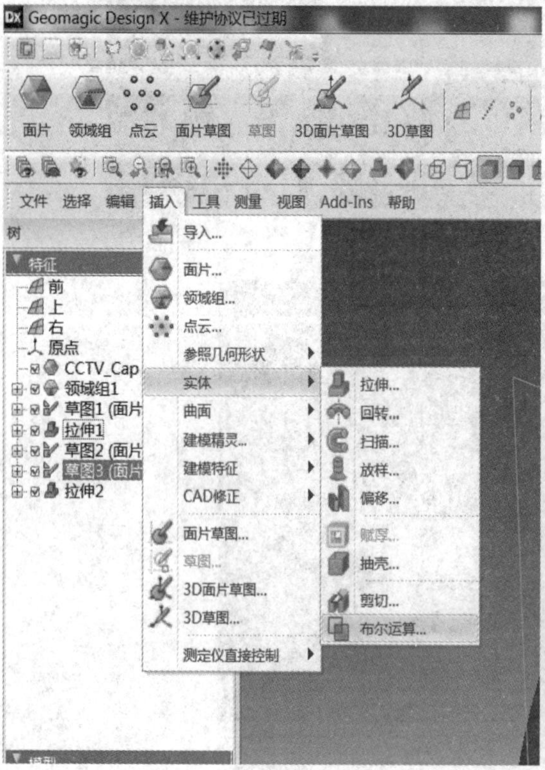

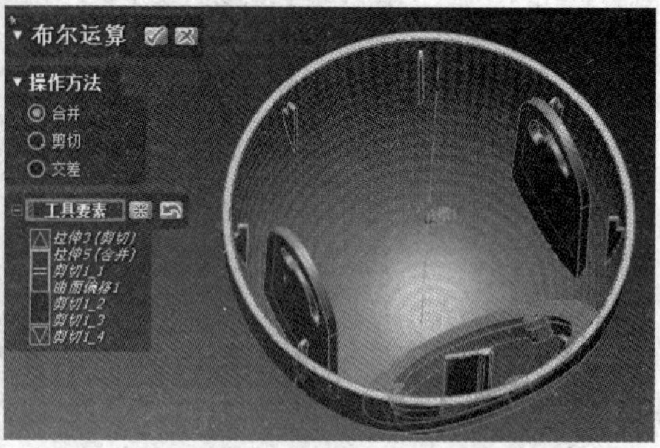

图 5-139　布尔运算工具　　　　　　图 5-140　“布尔运算”参数设置

(28) 塑料瓶盖模型最后的成品效果如图 5-141 所示。

图 5-141　塑料瓶盖模型成品效果

五、实训考核

根据实训完成情况进行考核，考核表如表 5-2 所示。

表 5-2　塑料瓶盖模型逆向设计考核表

班级		姓名		扣分记录	得分
项目	考核要求	分值	评分细则		
数据处理	完成点云数据处理	30 分	不能完成点云数据处理，扣 30 分		
软件操作	能正确利用软件构建形状	50 分	(1) 不能正确完成基础半球形状，扣 10 分； (2) 不能正确完成内部突出形状，扣 30 分； (3) 不能正确完成细节孔、槽等形状，扣 10 分		
实体模型分析	能完成点云与实体误差等分析	20 分	(1) 不能完成点云与实体误差分析，扣 10 分； (2) 完成的实体与点云数据误差过大，扣 10 分		
总　分					

任务三　操纵杆模型逆向设计

任务目标

三维数字化建模是逆向工程技术过程中最为关键的一部分，它把点云模型转化成数字特征实体，得到最终可以加工的数字模型。不同结构的模型，其建模方法和建模过程也有所不同。本任务是利用 Geomagic Design X 软件完成操纵杆模型逆向设计。

知识链接

Geomagic Design X 是一款实用的 CAD 模型工程软件，用户在极短的时间内即可在该软件中合并扫描数据和设计建模，部分扫描出的数据可用于创建制造的实体模型。Geomagic Design X 可将三维扫描、面片编辑以及点云处理在内的诸多功能整合在一起。Geomagic Design X 具有以下特点：

(1) 直接由点到面的全新构面方式，改变了传统的从点到线再到面的构面方式。

(2) 可接受不同种类的数据来源(如 iges、dxf、stl、asc、bin、obj、3ds 等)。

(3) 强大的点处理功能(多种点过滤方式)及视觉效果(点云可着色)。

(4) 自动对齐多次扫描数据，不用再为寻找对齐点而烦恼。

(5) 强大的数据修补功能(局部点数据丢失后可修补)。

(6) 包含曲面增厚和曲面雕字等特殊功能。

(7) 快速产生三维截面曲线，可供其他 CAD 软件使用。

(8) 快速建立 STL 文档，用作 3D 打印。

技能训练　操纵杆模型逆向设计

一、实训目的

(1) 掌握模型的逆向设计流程。

(2) 掌握 Geomagic Design X 逆向软件的操作步骤。

二、实训器材

计算机以及 Geomagic Design X 软件。

三、注意事项

计算机用电安全。

四、实训操作

(一) 点云处理

(1) 双击桌面上的“”图标打开软件，选择“插入”—“导入”命令，在弹出的“导入”对话框中选择要打开的数据文件，点击右下角“仅导入”按钮，如图 5-142 所示。

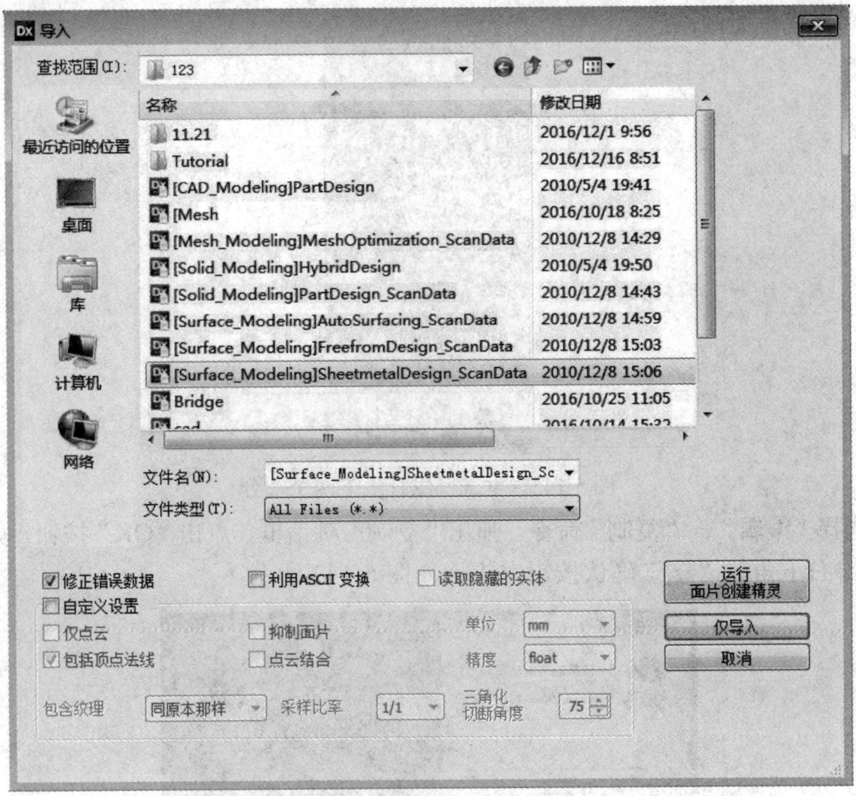

图 5-142　“导入”对话框

(2) 点击左上角的“”图标，如图 5-143 所示，在弹出的界面左下角，先点击“”关闭按钮，再点击“”框选按钮，如图 5-144 所示，按住“Shift”键，框选操纵杆的上下两个部分，如图 5-145 所示。

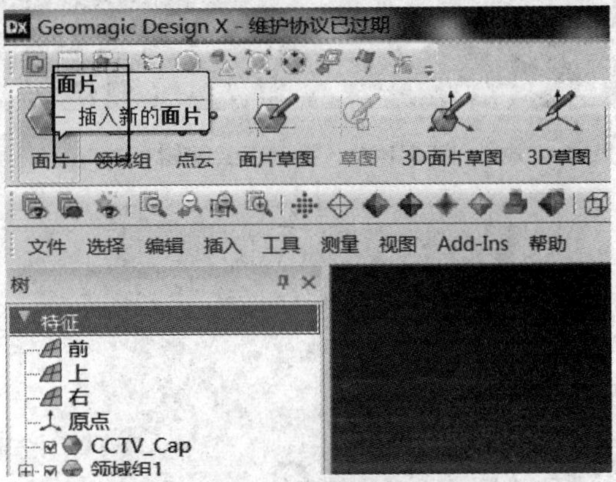

图 5-143　面片工具

图 5-144　选择条件工具

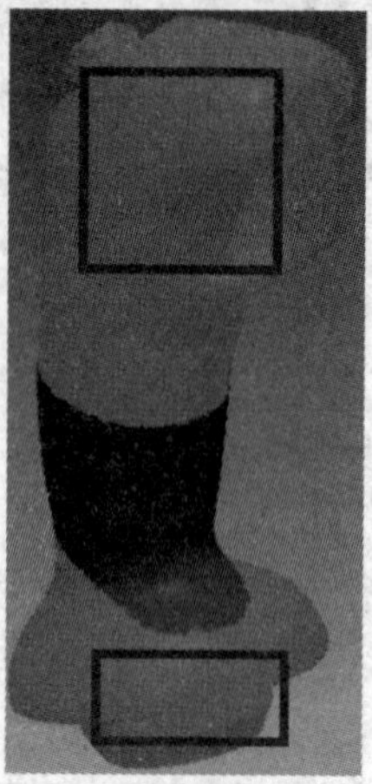

图 5-145　框选操纵杆上下两个部分

(3) 选择“编辑”—“复制”命令，弹出“复制”对话框，点击“OK”按钮，如图 5-146 所示。点击右下角的“”确认按钮完成，如图 5-147 所示。

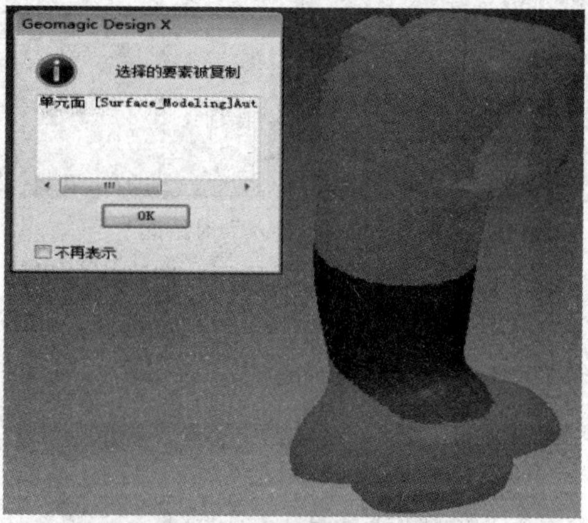

图 5-146　复制点云编辑

图 5-147　“确认”按钮

(4) 选择“编辑”—“粘贴”命令，粘贴数据，如图 5-148 所示。

图 5-148 粘贴数据

(二) 建立坐标系

(1) 在左侧模型树列表中找到“被复制面片”，点击鼠标右键，选择“仅显示这个”，如图 5-149 所示。

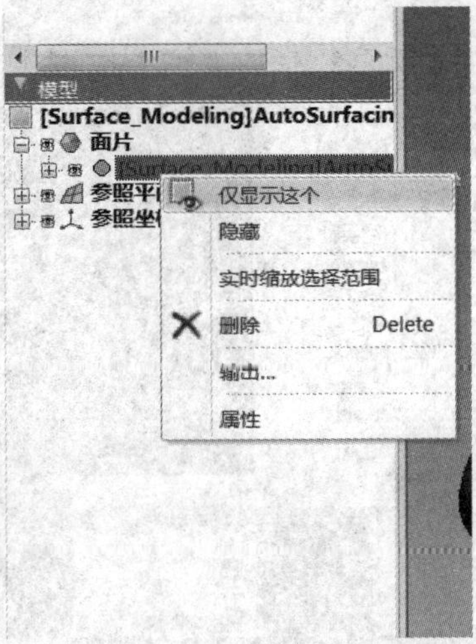

图 5-149 复制面片

(2) 点击左上角的“ ”图标，如图 5-150 所示，弹出“自动分割”参数设置对话框，参数设置如图 5-151 所示，点击对话框中的“ ”确认按钮退出。点击右下角的“ ”确认按钮完成。

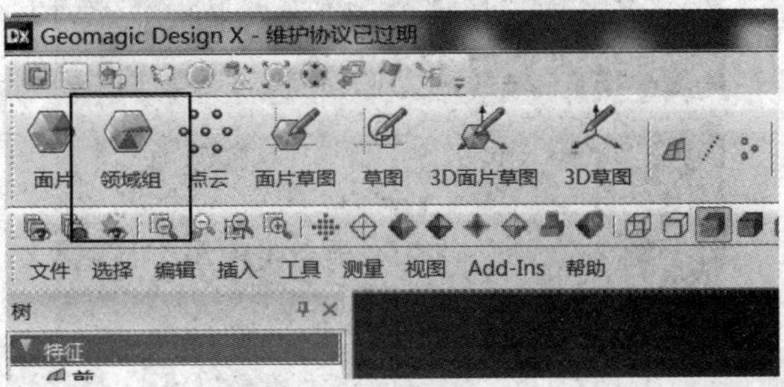

图 5-150 领域组工具

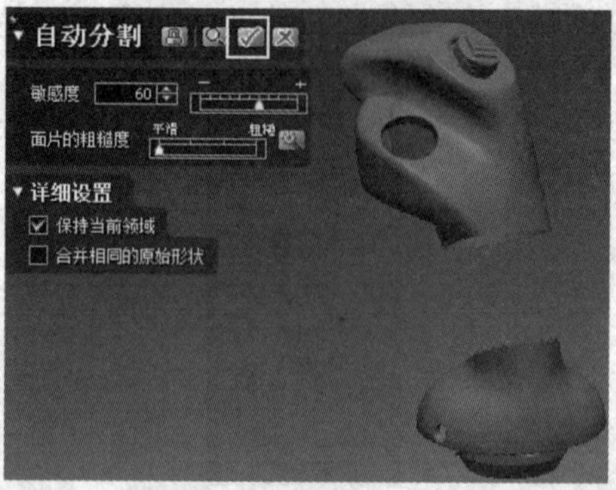

图 5-151　“自动分割”参数设置

(3) 选择“工具”—“对齐”—“手动对齐”命令，如图 5-152 所示，弹出“手动对齐”参数设置对话框，如图 5-153 所示。点击“”确认按钮完成。

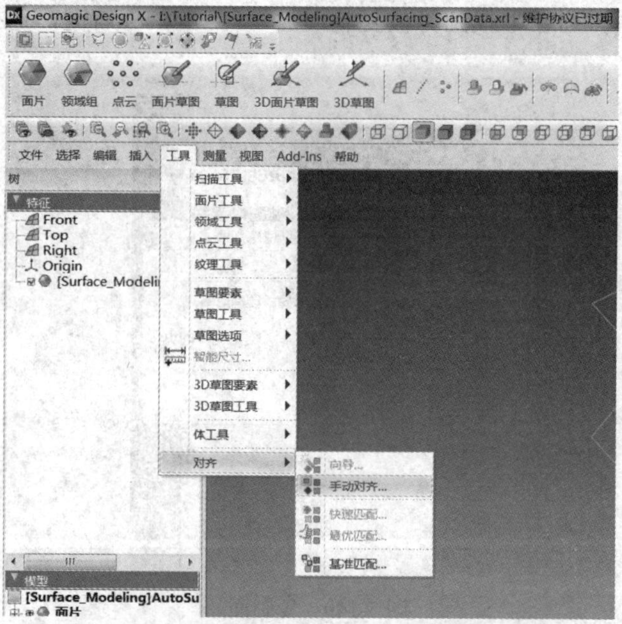

图 5-152　手动对齐工具

图 5-153　“手动对齐”参数设置

(4) 点击图 5-153 对话框中的“ ”按键，弹出“平面”参数设置对话框，参数设置如图 5-154 所示，点击“ ”确认按钮退出。

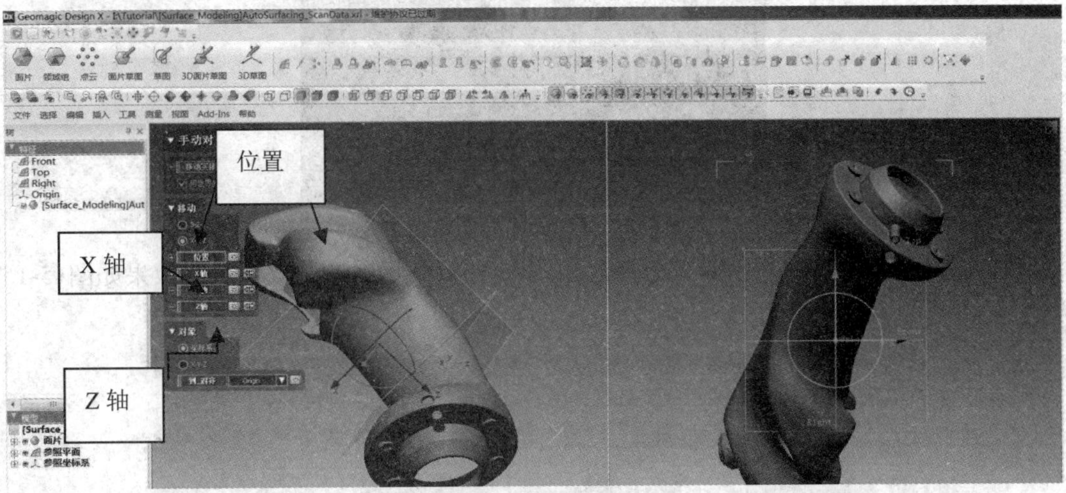

图 5-154　“平面”参数设置

提示：在图 5-154 中，Z 轴对齐的时候，先选择好平面，然后点击右边的按钮，接着再选择 X 轴。

(三) 构建曲面

(1) 点击左上角的“ ”按钮，如图 5-155 所示，在弹出的界面左下角，先点击“ ”关闭按钮，再点击“ ”框选按钮，如图 5-156 所示。框选操纵杆的底座部分，如图 5-157 所示。

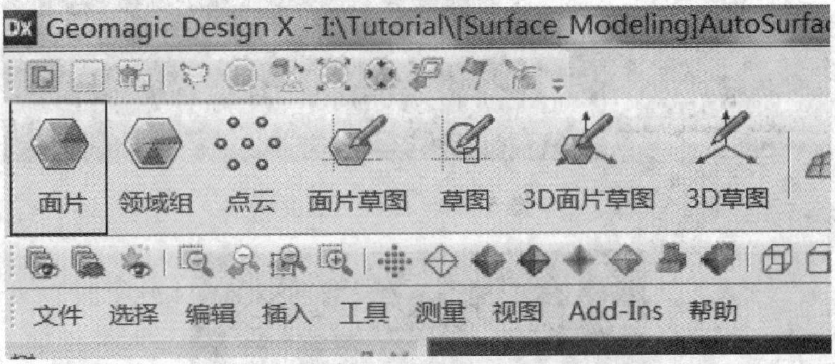

图 5-155　面片工具

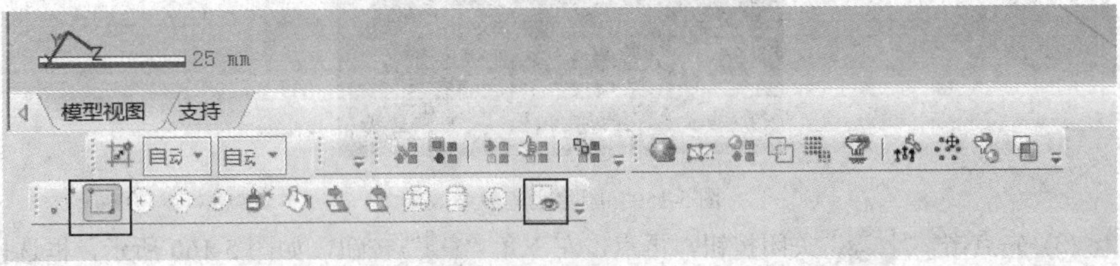

图 5-156　框选按键

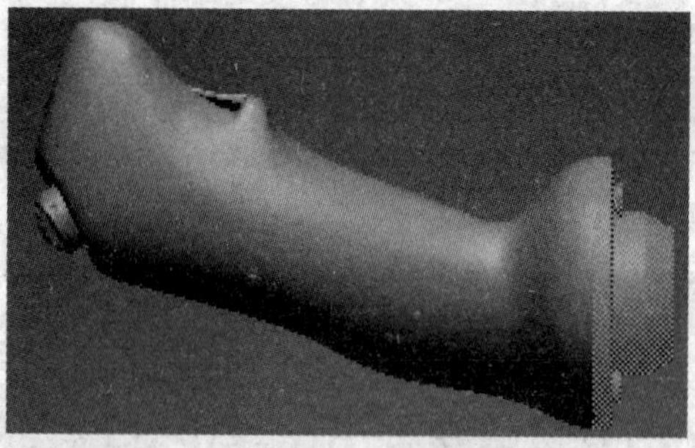

图 5-157　框选操纵杆的底座部分

(2) 选择“编辑”—“删除”命令，如图 5-158 所示。删除底座最终效果如图 5-159 所示。

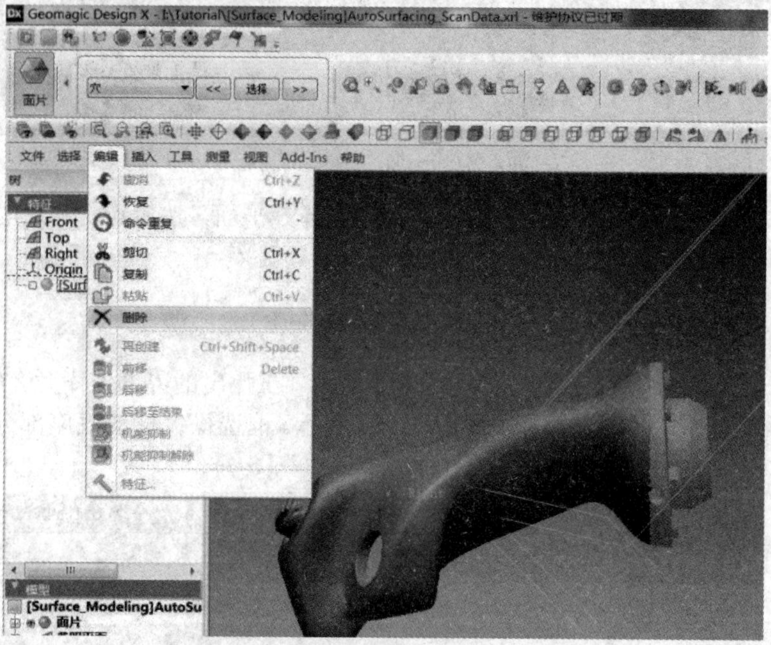

图 5-158　删除工具

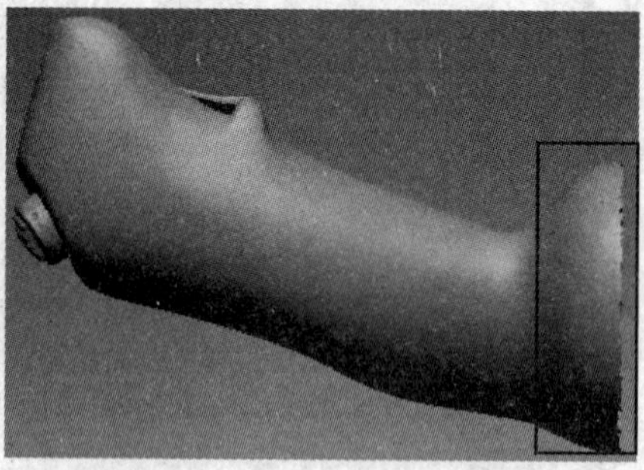

图 5-159　删除底座最终效果

(3) 先点击“ ”关闭按钮，再点击左下角“ ”按钮，如图 5-160 所示，框选操纵杆的手柄部分，如图 5-161 所示。

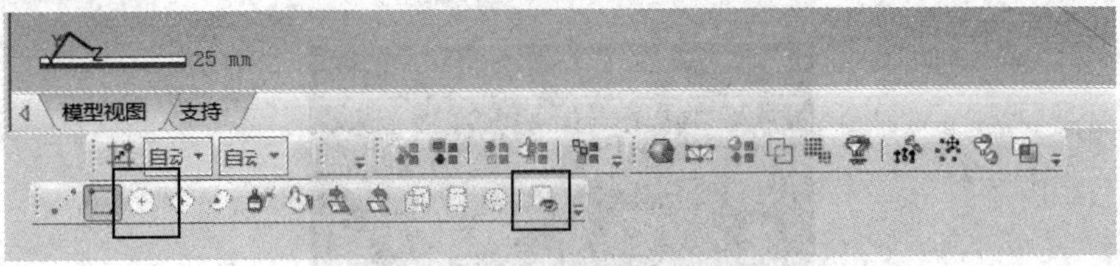

图 5-160　选择类型工具条

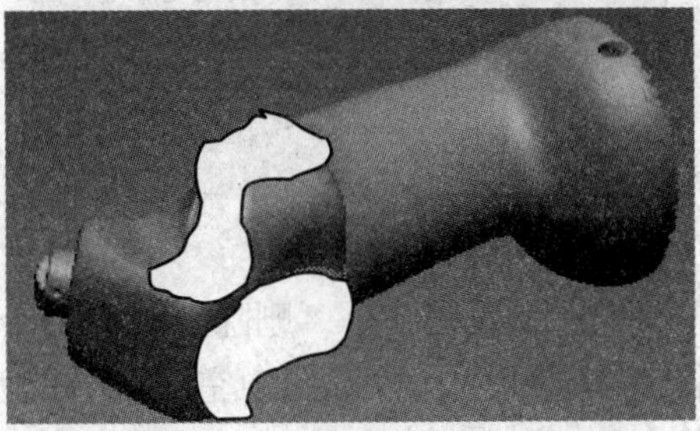

图 5-161　选择操纵杆的手柄部分

(4) 按住“Ctrl”键，选择多余的白色部分，然后选择“编辑”—“删除”命令，删除手柄之后效果如图 5-162 所示。

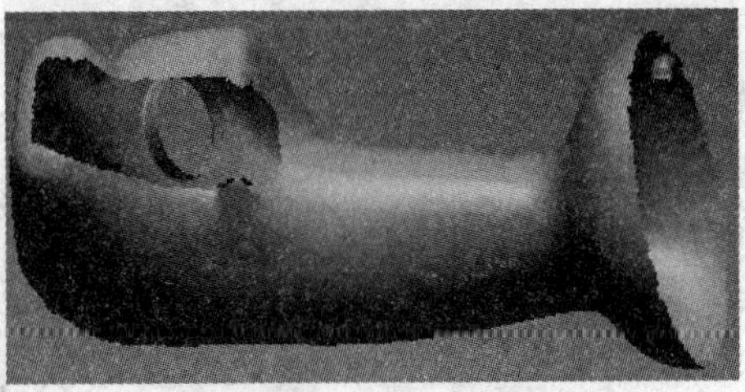

图 5-162　删除手柄之后效果

(5) 依次选择“工具”—“面片工具”—“编辑境界”命令，如图 5-163 所示，弹出“编辑境界”参数设置对话框，参数设置如图 5-164 所示，点击“ ”确认按钮退出。

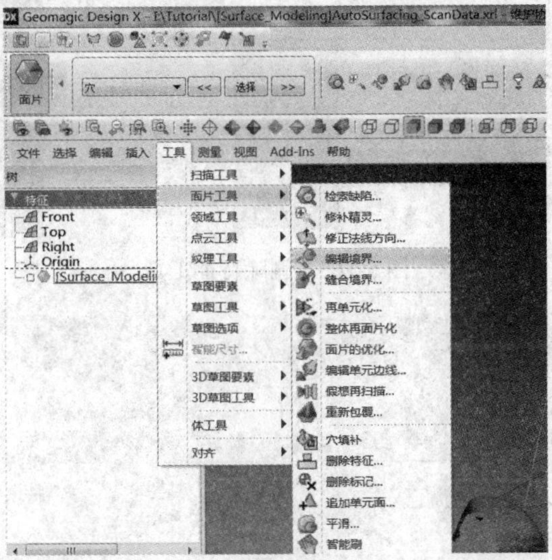

图 5-163　编辑境界工具

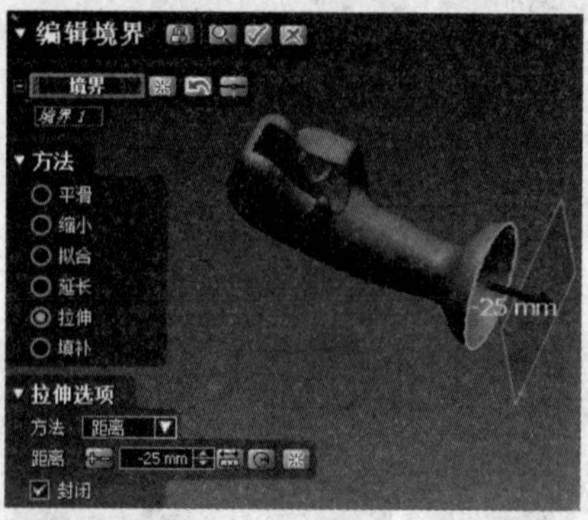

图 5-164　“编辑境界”参数设置

(6) 依次选择“工具”—“面片工具”—“删除特征”命令，如图 5-165 所示，点击左下角的“”图标，如图 5-166 所示，框选图中空洞部分的圆，参数设置如图 5-167 所示，点击“”确认按钮退出。

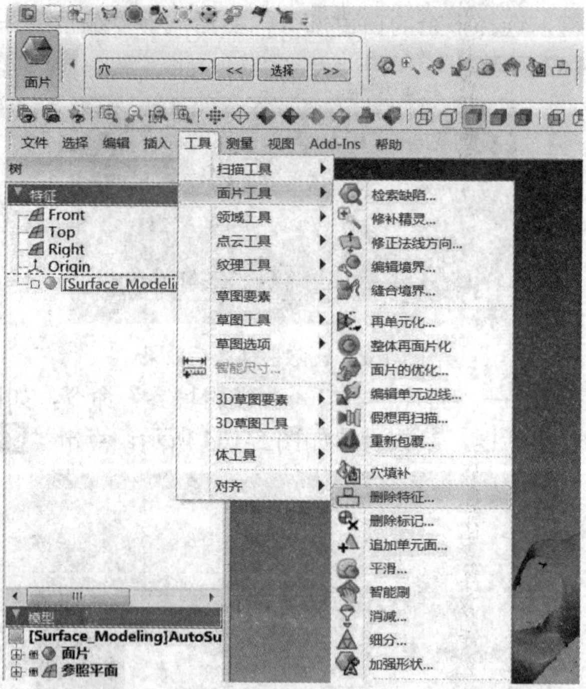

图 5-165　删除特征工具

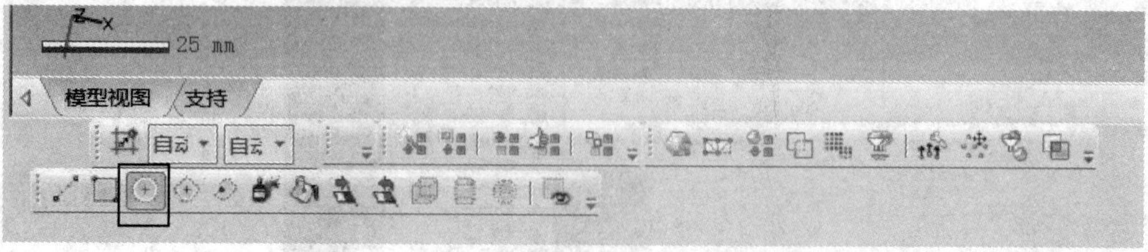

图 5-166　以圆的方式选择

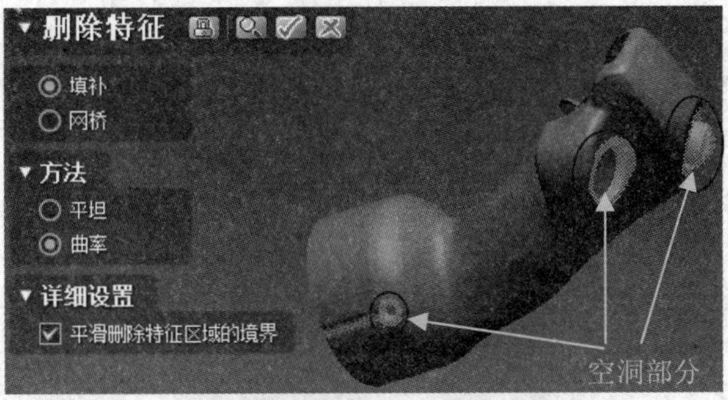

图 5-167　“删除特征”参数设置

(7) 点击图 5-167 对话框中的“”按钮，得到删除特征的效果如图 5-168 所示，点击“”确认按钮退出。

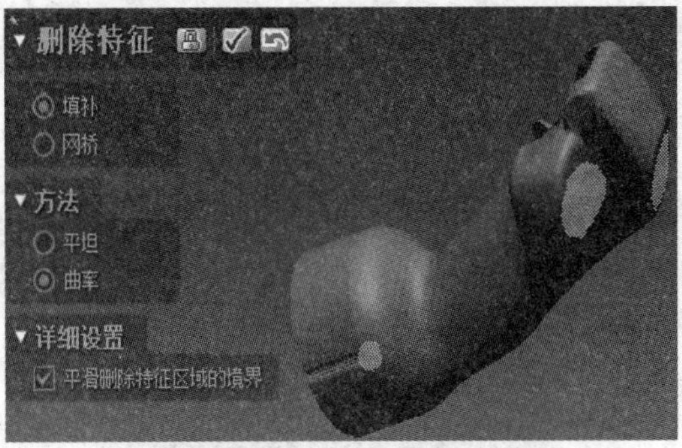

图 5-168　删除特征效果图

(8) 依次选择“工具”—“面片工具”—“穴填补”命令，如图 5-169 所示，弹出“穴填补”参数设置对话框，再点击对话框中的“”图标，绘制边缘连线。然后选择“境界”，框选边缘连线，参数设置如图 5-170 所示，点击“”确认按钮退出。

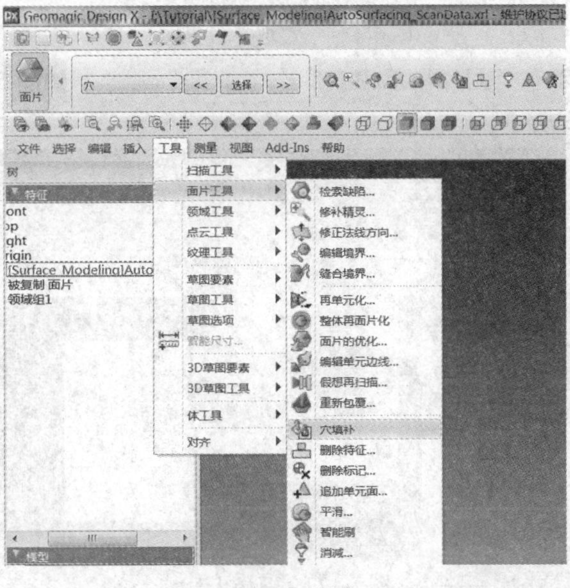

图 5-169　穴填补工具

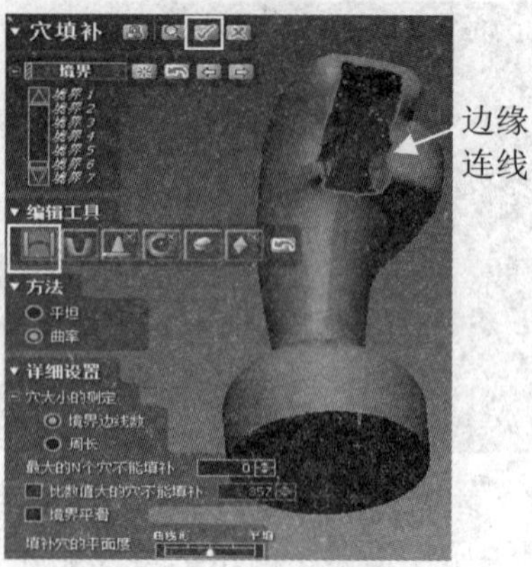

图 5-170　“穴填补”参数设置

(9) 点击图 5-170 对话框中的“”按钮，得到的穴填补效果如图 5-171 所示，点击“”确认按钮退出。

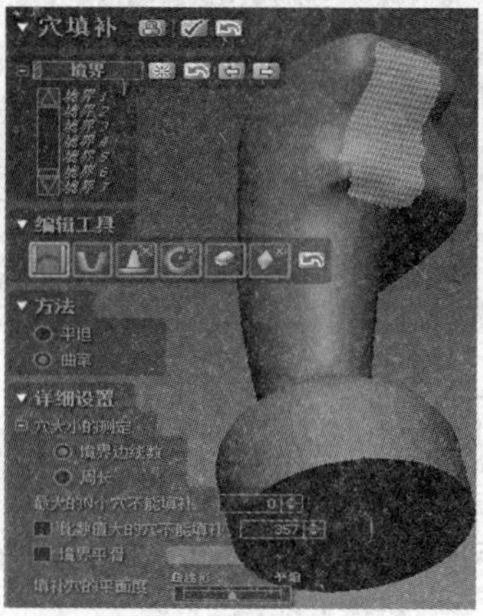

图 5-171　穴填补效果图

(10) 选择“视图”—“面片显示模式”—“渲染”命令，如图 5-172 所示，得到的边缘渲染效果如图 5-173 所示。

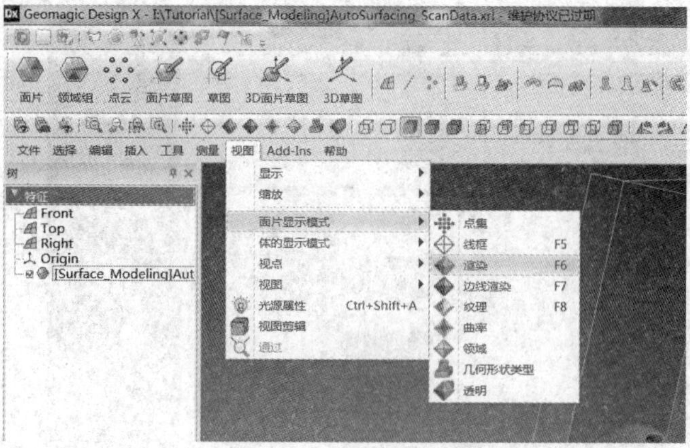

图 5-172　渲染工具

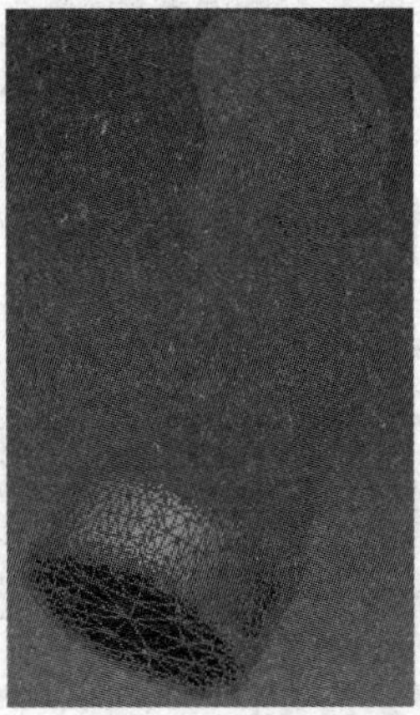

图 5-173　边缘渲染效果图

(11) 选择“工具”—“面片工具”—“整体再面片化”命令，如图 5-174 所示，弹出“整体再面片化”参数设置对话框，点击对话框中的“ ”图标，参数设置如图 5-175 所示，点击“ ”确认按钮退出。

图 5-174　整体再面片化工具

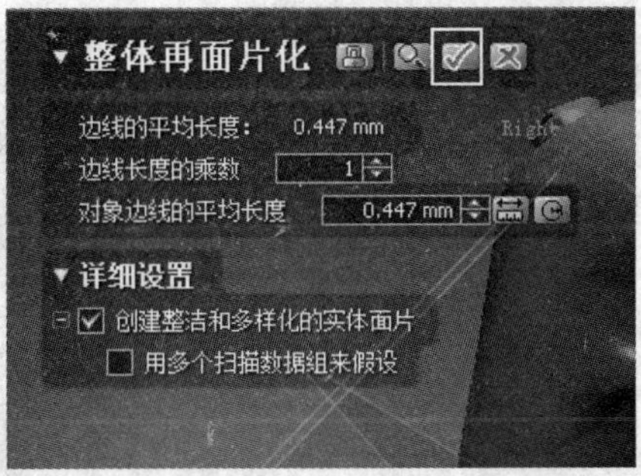

图 5-175　“整体再面片化”参数设置

(12) 选择“工具”—“面片工具”—“加强形状”命令，如图 5-176 所示，弹出“加强形状”参数设置对话框，点击对话框中的“”图标，参数设置如图 5-177 所示，点击“”确认按钮退出。

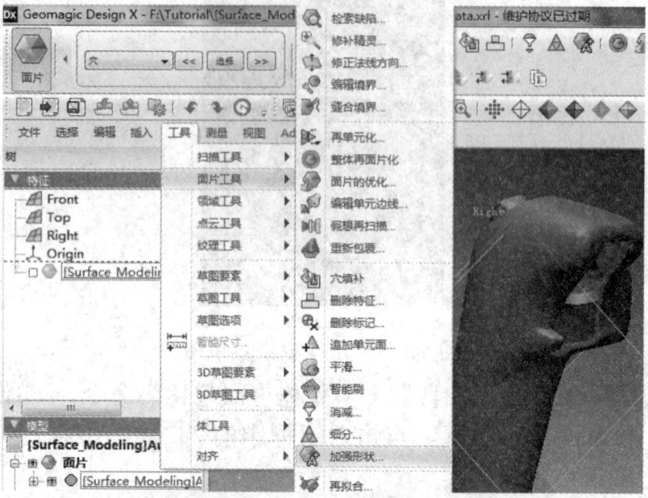

图 5-176　加强形状工具

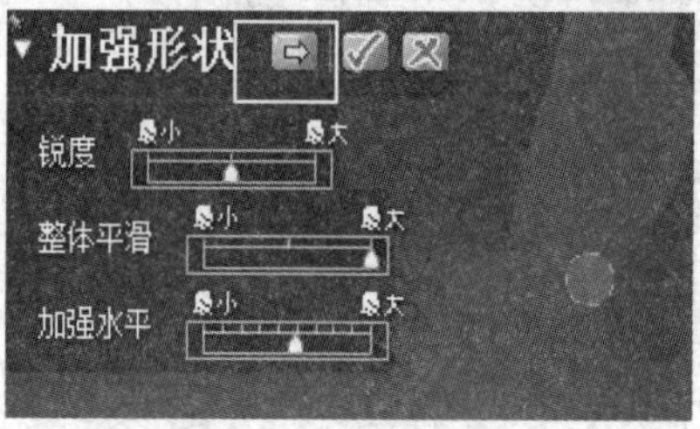

图 5-177　“加强形状”参数设置

(13) 选择“工具”—“面片工具”—“智能刷”命令，如图 5-178 所示，弹出“智能刷”参数设置对话框，按住鼠标左键对模型进行平滑修复，参数设置如图 5-179 所示，点击“”确认按钮退出。

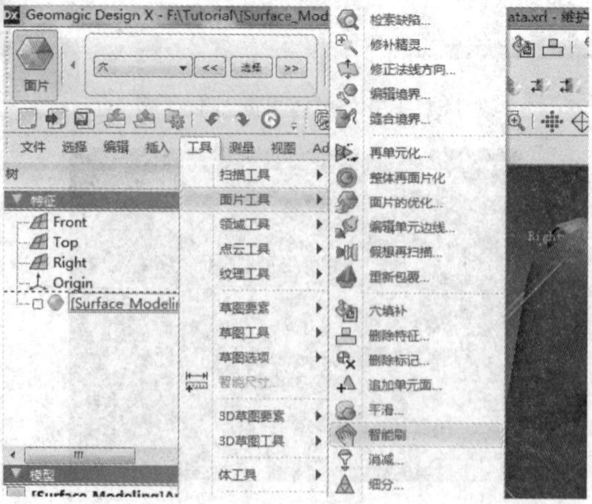

图 5-178　智能刷工具

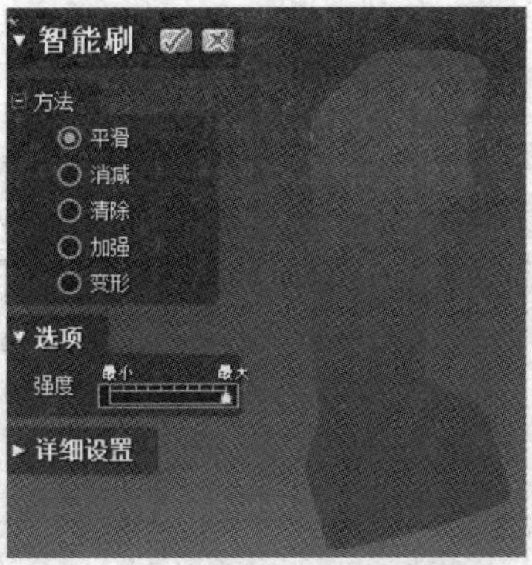

图 5-179　“智能刷”参数设置

(四) 创建操纵杆实体

(1) 选择“插入”—“曲面”—“自动曲面创建”命令，如图 5-180 所示，弹出“自动曲面创建”参数设置对话框，参数设置如图 5-181 所示。

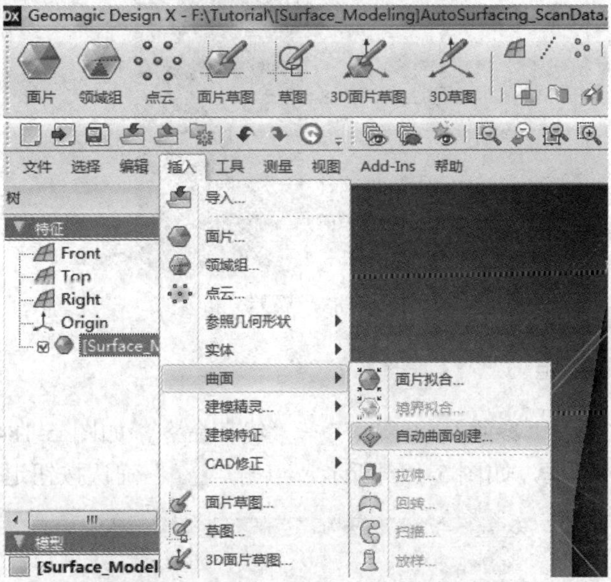

图 5-180　自动曲面创建

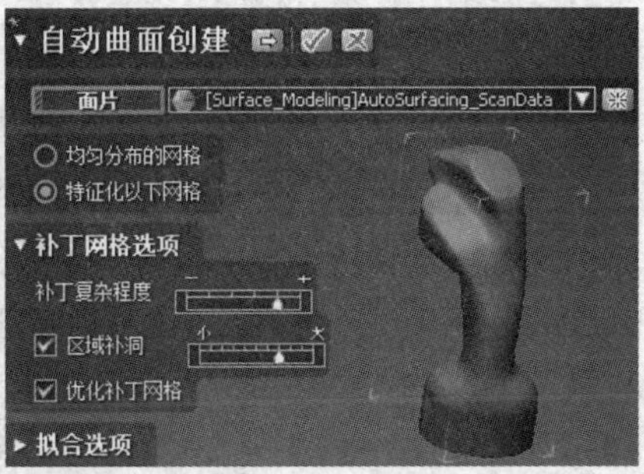

图 5-181　“自动曲面创建”参数设置

(2) 点击图 5-181 对话框中的按钮，利用图 5-182 对话框中的“变形、分割、滑动”等命令对曲面进行调整，点击“”确认按钮退出。

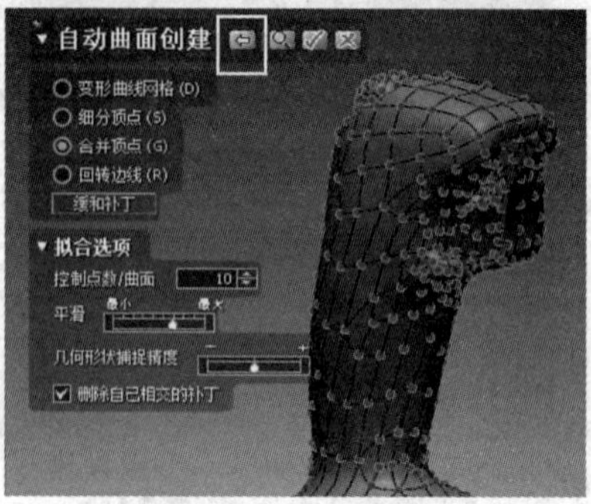

图 5-182　曲面调整

(3) 在工具栏空白处点击鼠标右键，调出“Accuracy Analyzer(TM)”工具条，对实体进行误差分析，如图 5-183 所示。

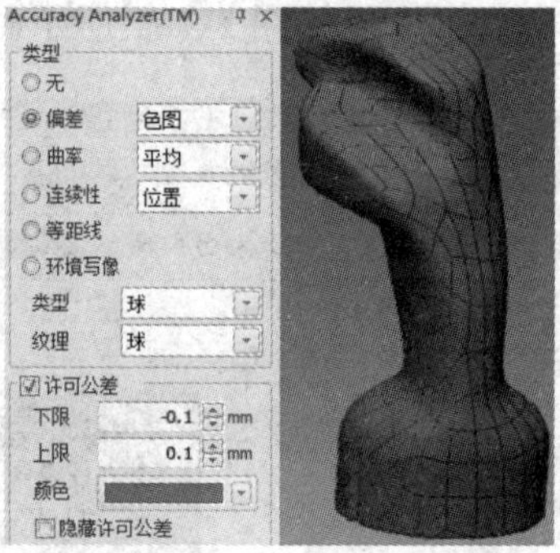

图 5-183　误差分析

(五) 添加附属功能

(1) 选择“插入”—“参照几何形状”—“线”命令，如图 5-184 所示，弹出“追加参照线”参数设置对话框，如图 5-185 所示，点击“”确认按钮退出。

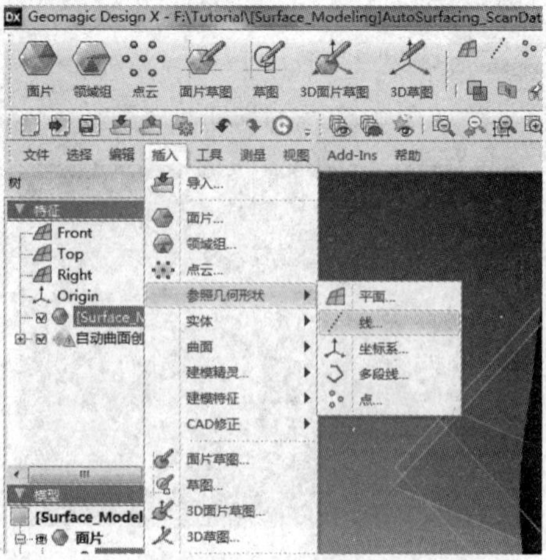

图 5-184　参照直线工具

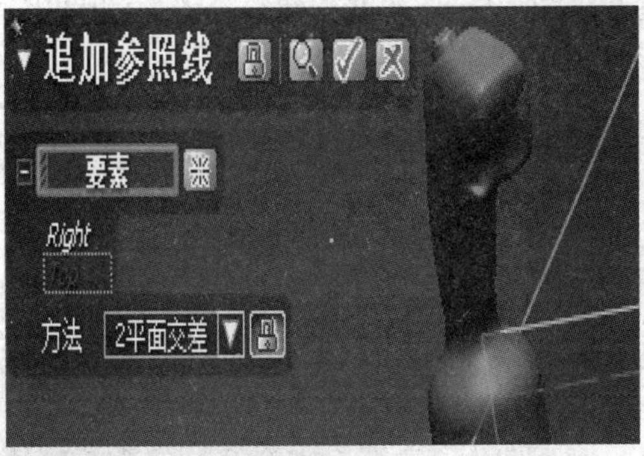

图 5-185　“追加参照线”参数设置

(2) 点击左上角的“”图标，如图 5-186 所示，弹出“面片草图的设置”参数设置对话框，参数设置如图 5-187 所示，点击“”确认按钮退出。

图 5-186　面片草图工具

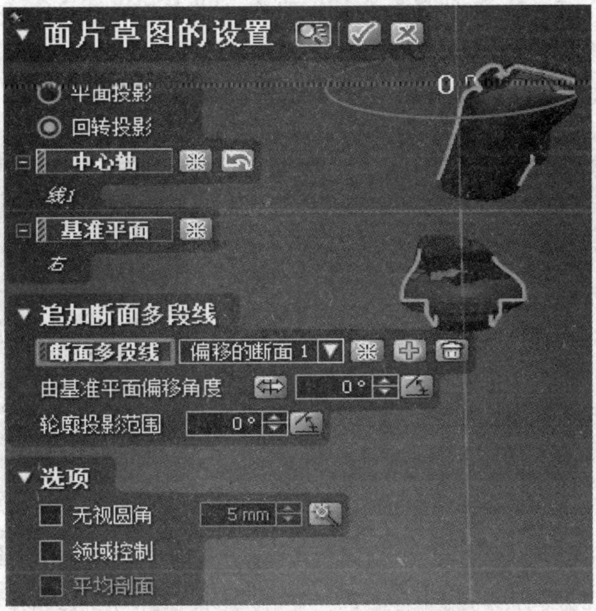

图 5-187　“面片草图的设置”参数设置

(3) 选择“工具”—“草图要素”—“直线”命令，如图 5-188 所示，绘制直线，如图 5-189 所示，点击“☑”确认按钮退出。

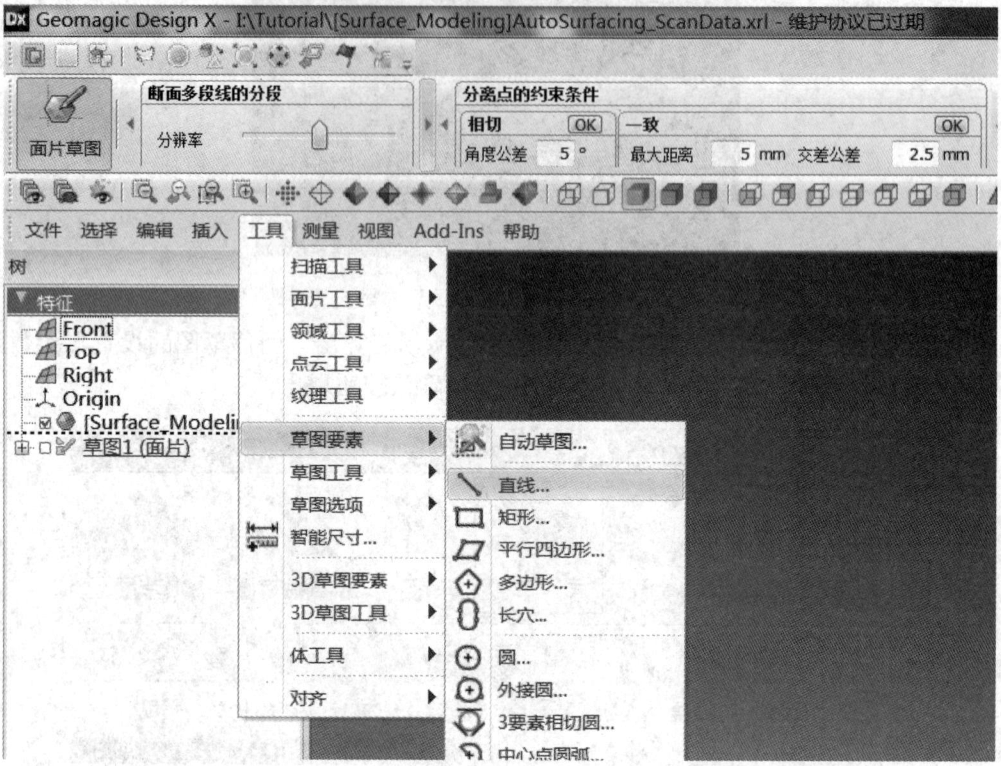

图 5-188　直线工具

(4) 按住“Ctrl”键，依次双击图 5-189 中的直线 1 和直线 2，弹出约束条件对话框，如图 5-190 所示，将“约束条件”一栏设置为“水平”，点击“☑”确认按钮退出。用同样的操作方法，将直线 3 和直线 4 的“约束条件”设置为“垂直”。

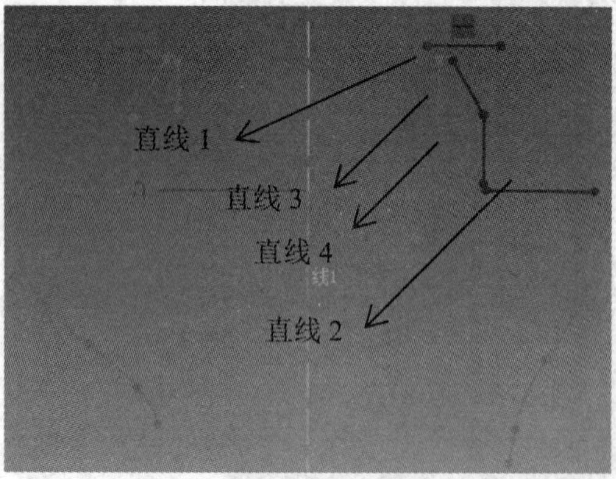

图 5-189　绘制直线

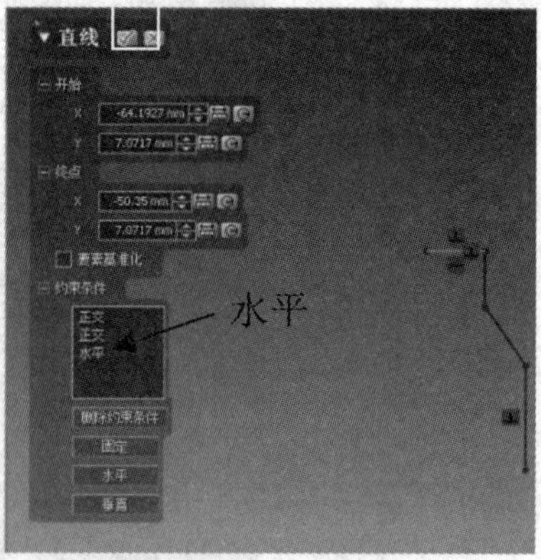

图 5-190　约束条件

(5) 点击工具条“分离点的约束条件”一栏的“OK”键，使直线闭合不交叉，如图 5-191 所示。

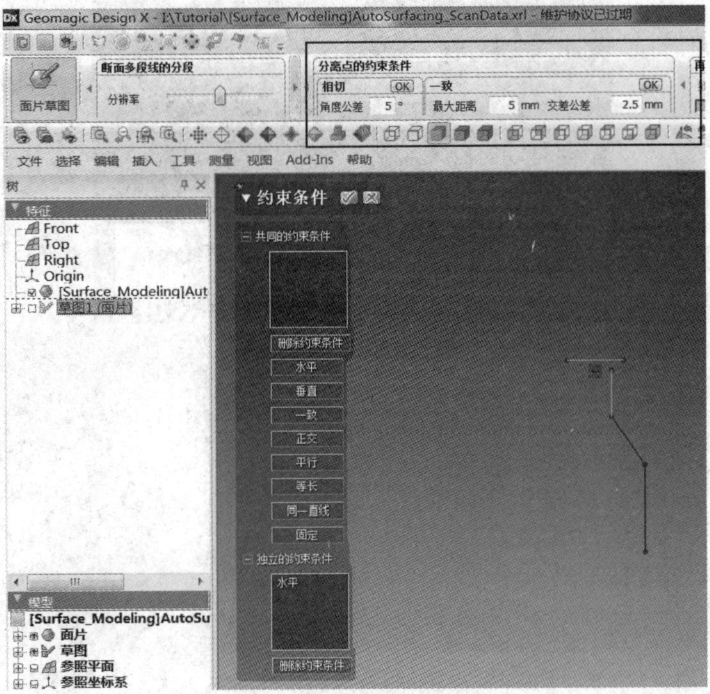

图 5-191　“分离点的约束条件”设置

(6) 选择“工具”—“草图工具”—“调整”命令，如图 5-192 所示，调整水平直线的长度，如图 5-193 所示。然后，点击右下角的“”确认按钮完成，如图 5-194 所示。

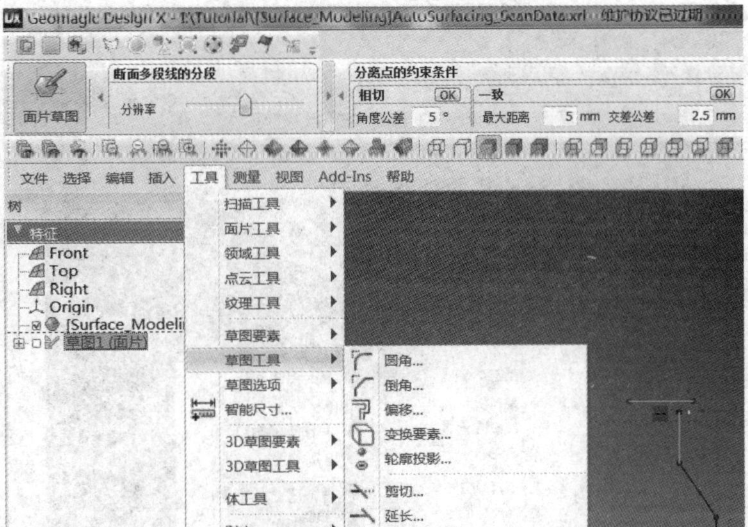

图 5-192　调整工具

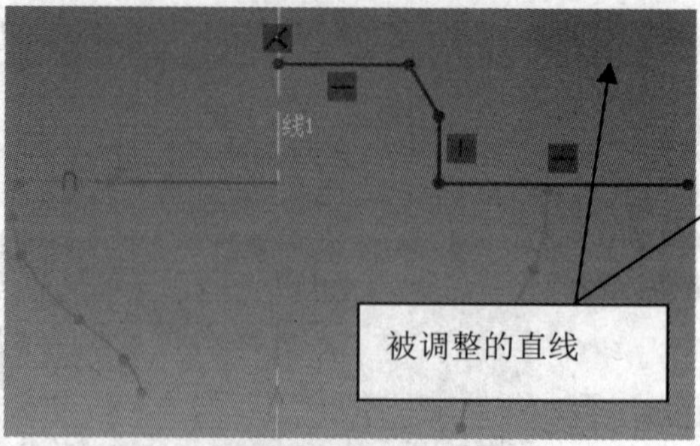

图 5-193　调整直线

图 5-194　“确认”按钮

(7) 选择“插入”—“曲面”—“回转”命令，如图 5-195 所示，弹出“回转曲面”参数设置对话框，如图 5-196 所示，点击“☑”确认按钮退出。

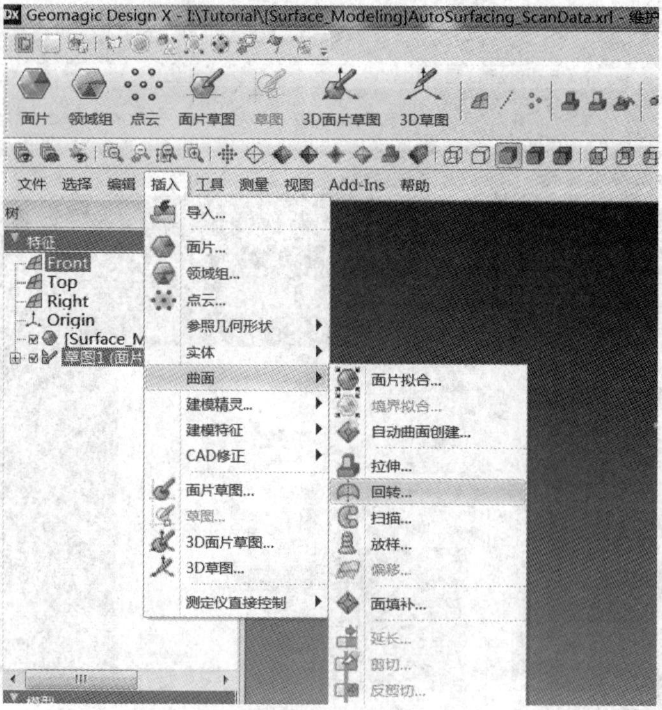

图 5-195　曲面回转工具

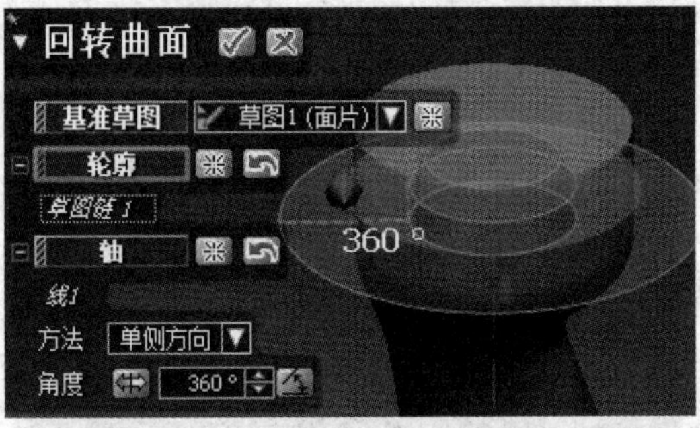

图 5-196　“回转曲面”参数设置

(8) 选择“插入”—“曲面”—“剪切”命令，如图 5-197 所示，弹出“剪切”参数设置对话框，如图 5-198 所示，点击“”确认按钮退出。

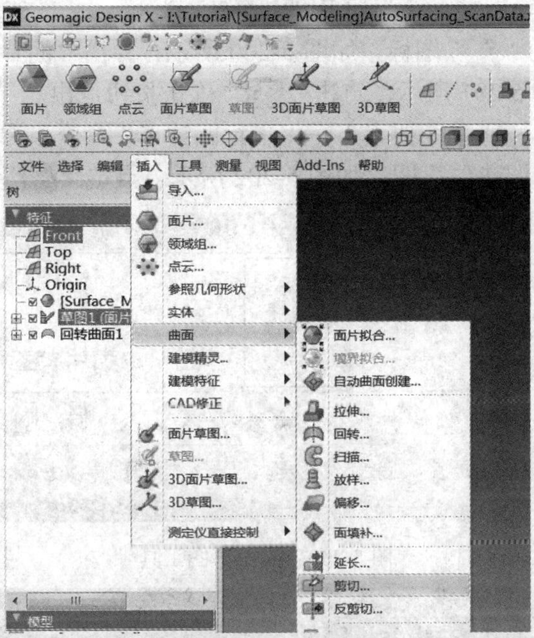

图 5-197　曲面剪切工具

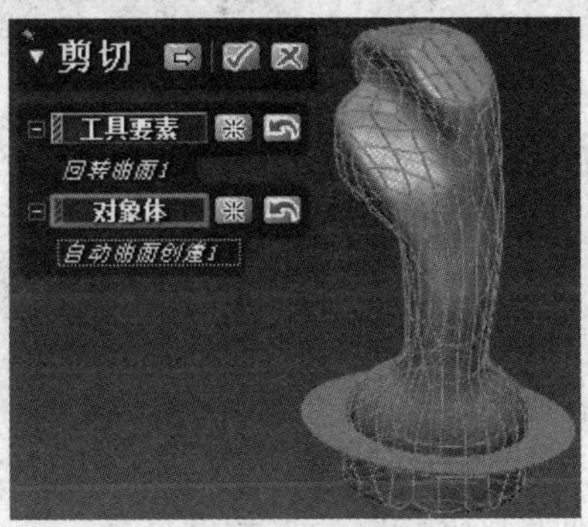

图 5-198　“剪切”参数设置

(9) 点击图 5-198 对话框中的“”按钮，选取留下的曲面，如图 5-199 所示，点击“”确认按钮退出。

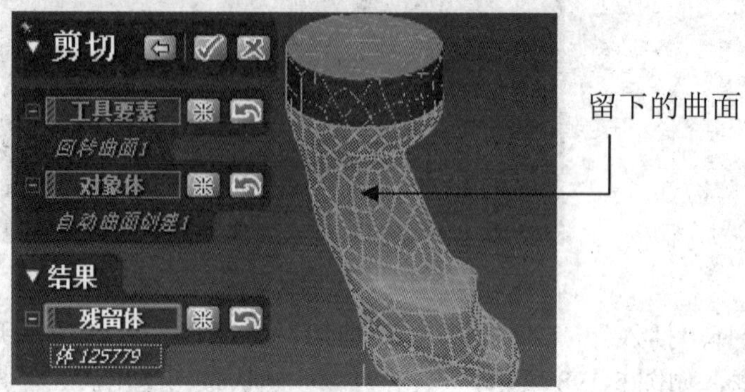

图 5-199　参数设置

(10) 点击左上角的“”图标，如图 5-200 所示，弹出“面片草图的设置”参数设置对话框，参数设置如图 5-201 所示，点击“”确认按钮退出。

(11) 选择“工具”—“草图要素”—“平行四边形”命令，弹出“平行四边形”参数设置对话框，绘制平行四边形草图，如图 5-202 所示，点击“”确认按钮退出。

图 5-200　面片草图工具

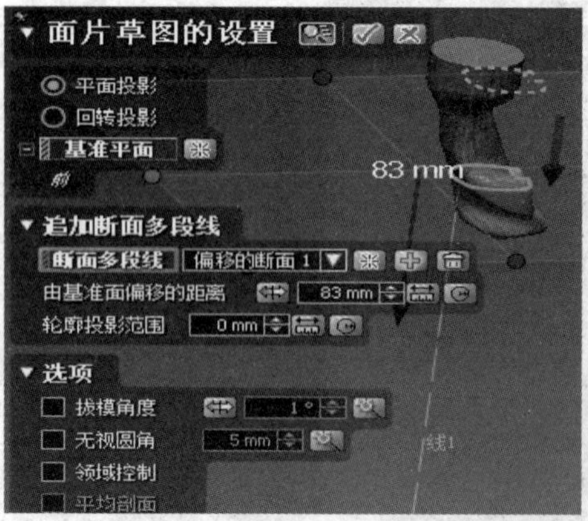

图 5-201　“面片草图的设置”参数设置

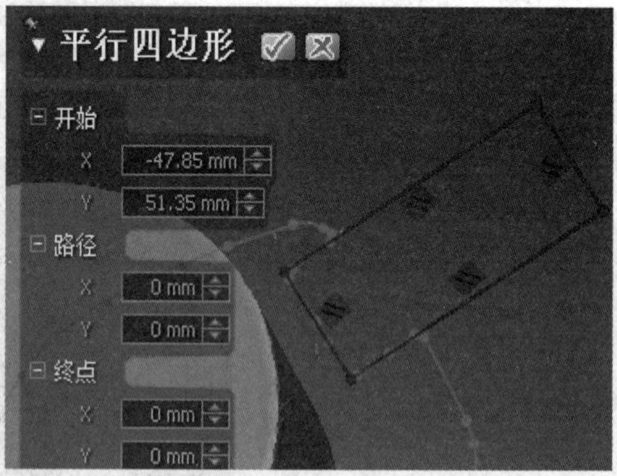

图 5-202　绘制平行四边形

(12) 按住鼠标左键，分别调整平行四边形的四条边，调整结果如图 5-203 所示。点击“”确认按钮退出。

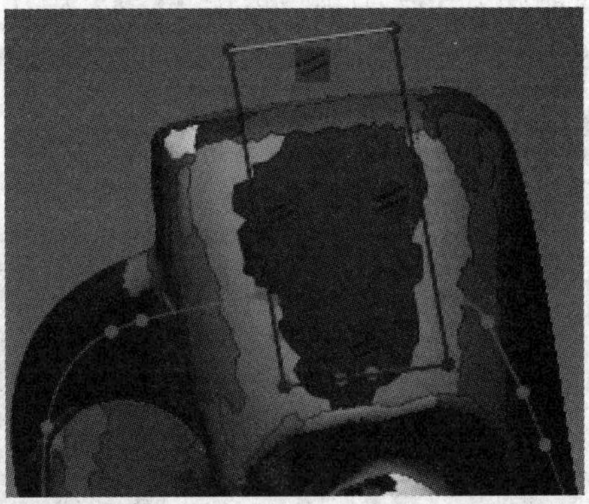

图 5-203　调整结果

(13) 选择“插入”—“实体”—“拉伸”命令，如图 5-204 所示，弹出“拉伸”参数设置对话框，参数设置如图 5-205 所示，点击“☑”确认按钮退出。

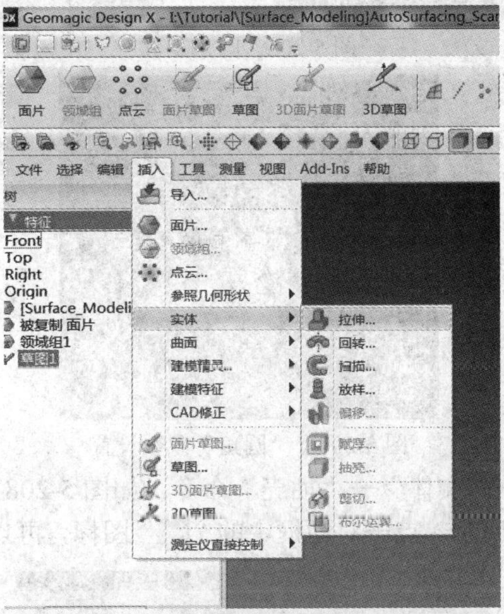

图 5-204　拉伸工具

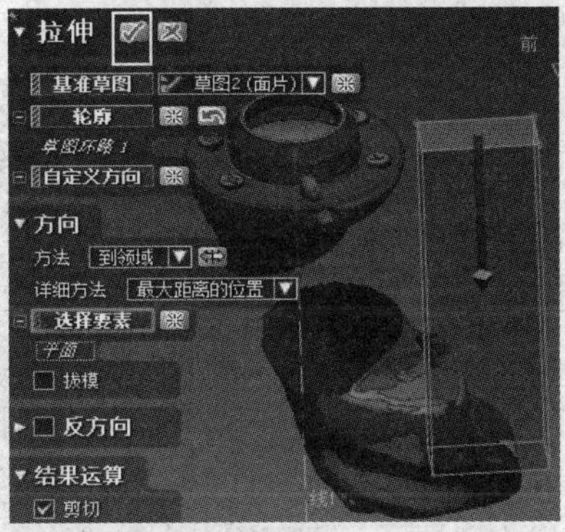

图 5-205　“拉伸”参数设置

(14) 选择“插入”—“建模特征”—“圆角”命令，如图 5-206 所示，弹出“圆角”

参数设置对话框，参数设置如图 5-207 所示，点击“”确认按钮退出。

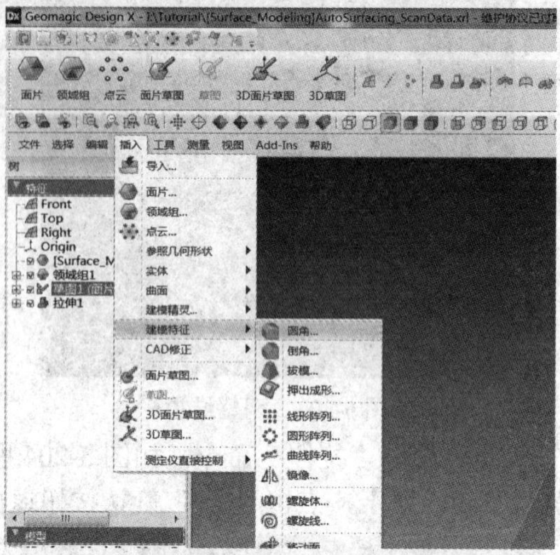

图 5-206　圆角工具

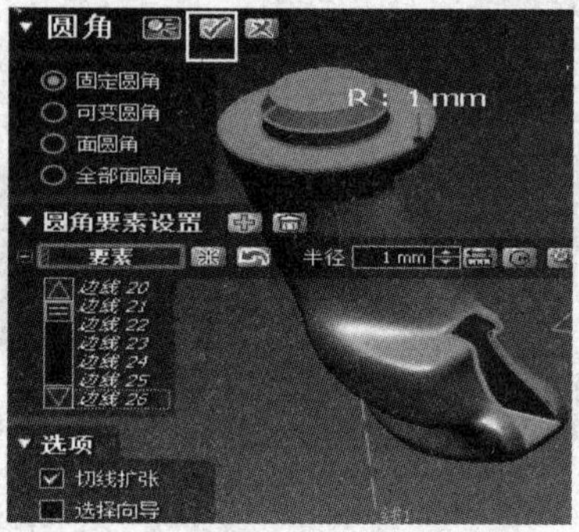

图 5-207　“圆角”参数设置

(15) 选择“插入”—“实体”—“抽壳”命令，如图 5-208 所示，弹出“抽壳”参数设置对话框，如图 5-209 所示。点击对话框中的“”图标，再点击“”确认按钮退出。

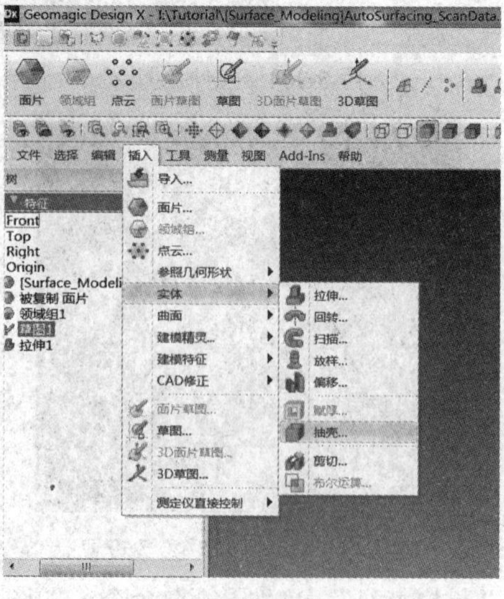

图 5-208　抽壳工具

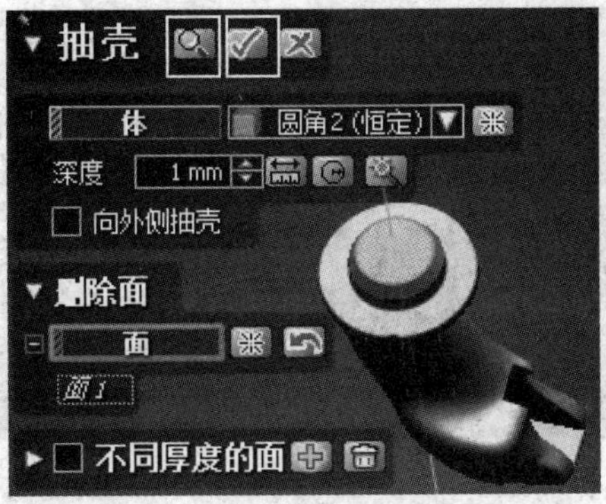

5-209　“抽壳”参数设置

(16) 选择“插入”—“建模精灵”—“基础片体”命令，如图 5-210 所示，弹出“曲面的几何形状”参数设置对话框，设置基础片体，如图 5-211 所示。

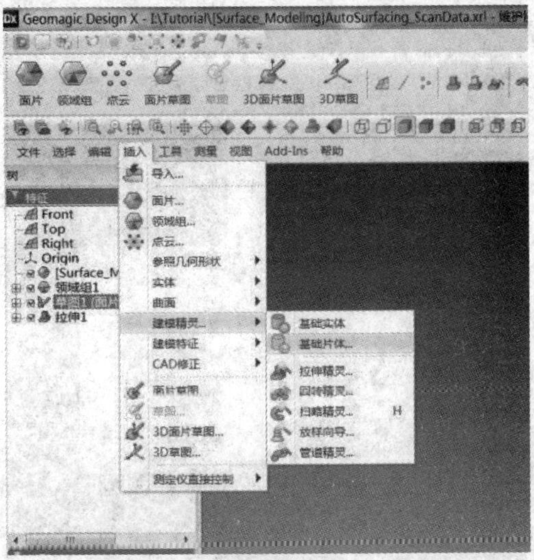

图 5-210　基础片体工具

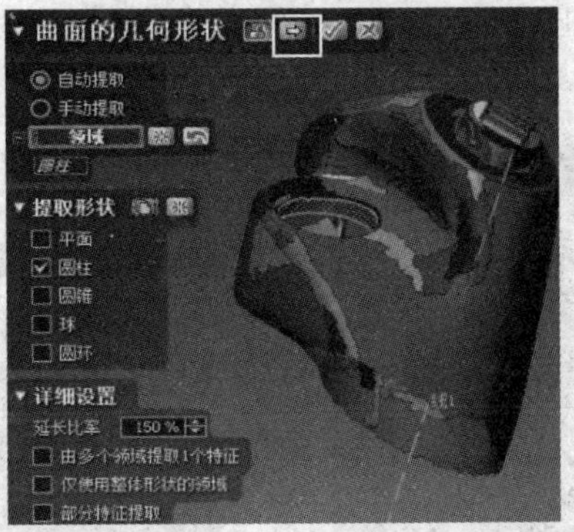

图 5-211　“曲面的几何形状”参数设置

(17) 点击图 5-211 对话框中的“”图标，弹出“曲面的几何形状”参数设置对话框，如图 5-212 所示。点击“”确认按钮退出。

图 5-212　“曲面的几何形状”参数设置

(18) 选择“插入”—“实体”—“剪切”命令，如图 5-213 所示，弹出“剪切”参数设置对话框，如图 5-214 所示。

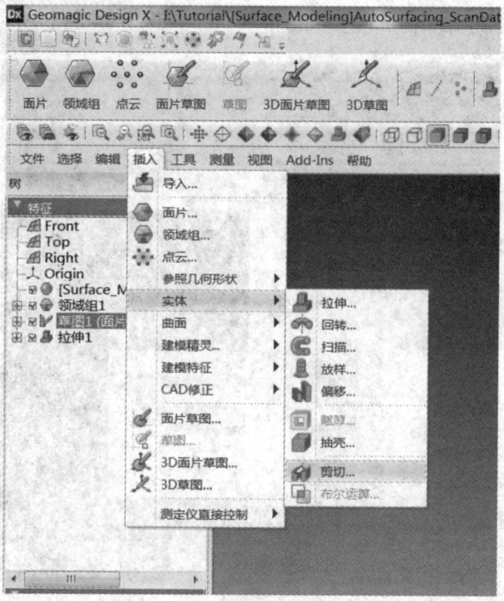

图 5-213　实体剪切工具

(19) 点击图 5-214 对话框中的“”按钮，选择残留体，如图 5-215 所示。然后，点击“”确认按钮退出。

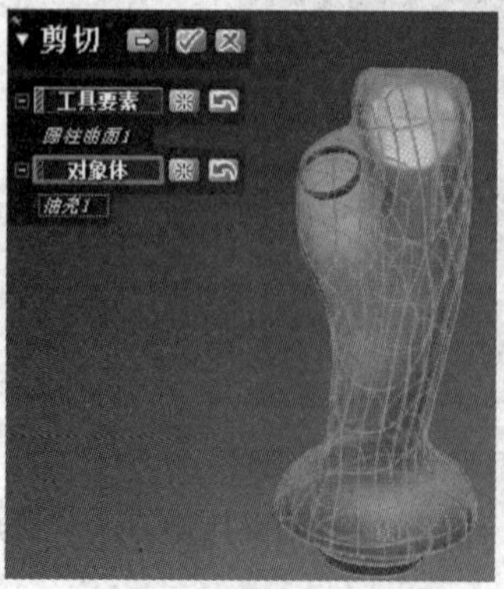

图 5-214　“剪切”参数设置

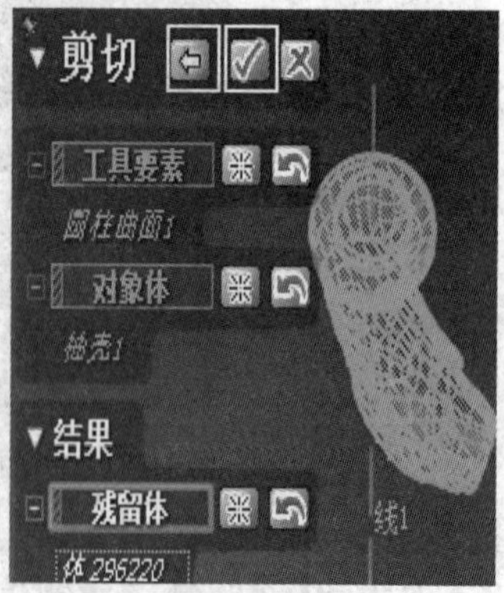

图 5-215　残留体选择

(20) 选择“插入”—“参照几何形状”—“平面”命令，如图 5-216 所示，弹出“平面”参数设置对话框，选择设置的平面如图 5-217 所示。

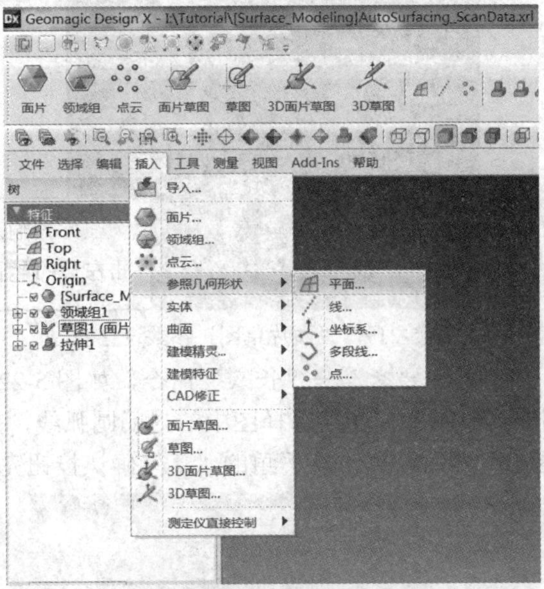

图 5-216 平面工具

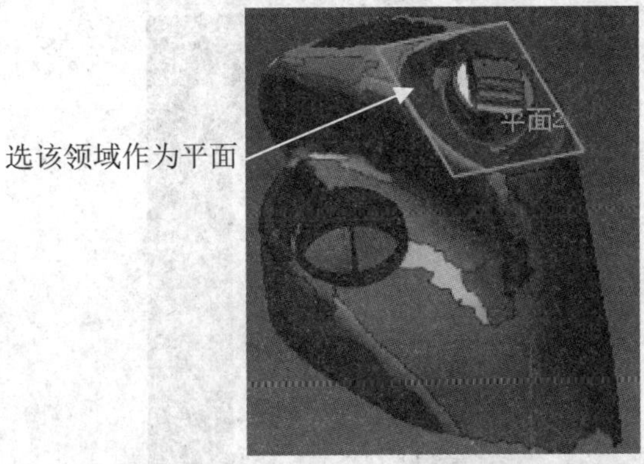

图 5-217 “平面”参数设置

(21) 点击左上角的“ ”图标，如图 5-218 所示，选择图 5-217 中的领域作为平面，弹出“面片草图的设置”参数设置对话框，如图 5-219 所示，输入数值，点击“ ”确认按钮退出。

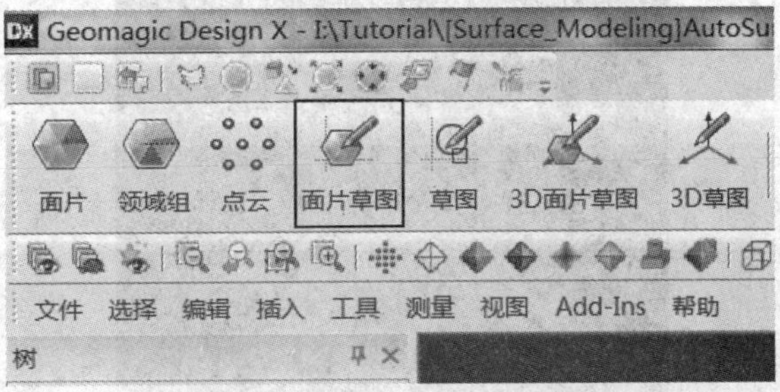

图 5-218 面片草图工具

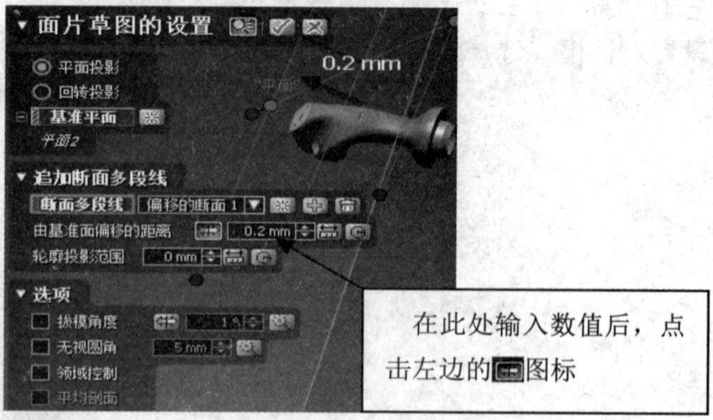

图 5-219　“面片草图”参数设置

(22) 选择“工具”—“草图要素”—“长穴”命令，如图 5-220 所示，弹出“长穴”参数设置对话框，如图 5-221 所示，连续选择图中的封闭圆弧线，效果如图 5-221 所示。点击“”确认按钮退出。然后，点击右下角的“”确认按钮完成。

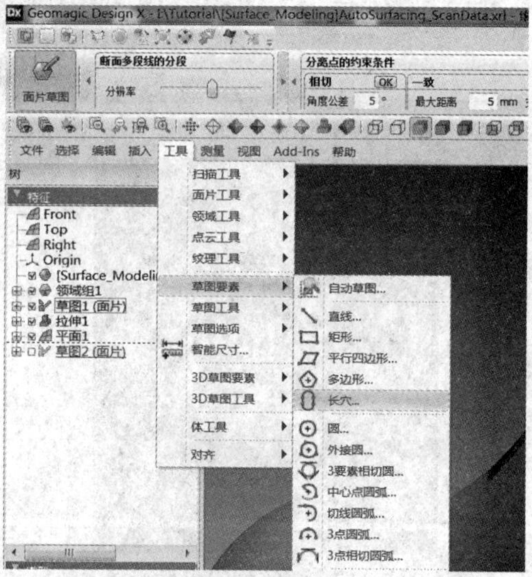

图 5-220　长穴工具

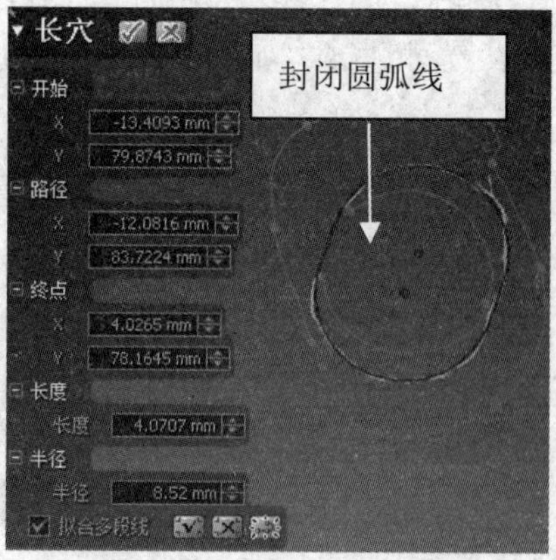

图 5-221　“长穴”参数设置

(23) 选择“插入”—“实体”—“拉伸”命令，如图 5-222 所示，弹出“拉伸”参数设置对话框，参数设置如图 5-223 所示。点击“ ”确认按钮退出。

图 5-222　实体拉伸工具

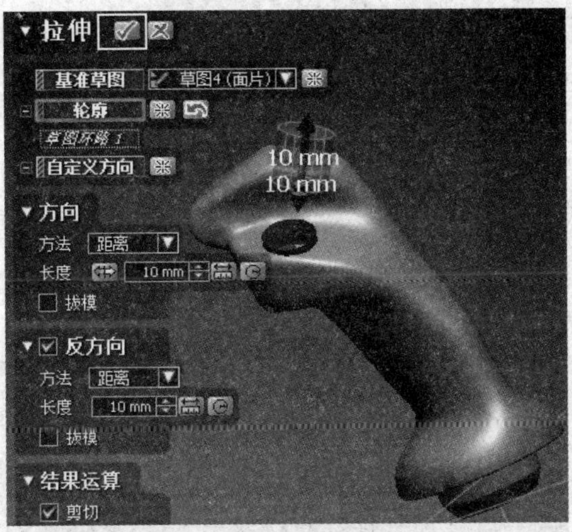

图 5-223　“拉伸”参数设置

(24) 操纵杆模型最后完成的效果如图 5-224 所示。

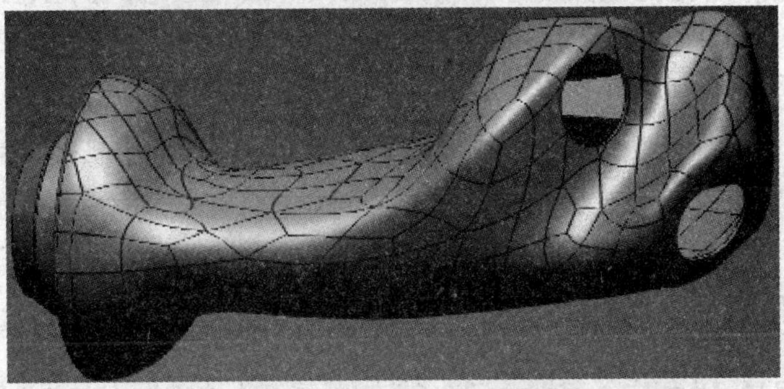

图 5-224　操纵杆模型效果图

五、实训考核

根据实训完成情况进行考核，考核表如表 5-3 所示。

表 5-3　操作杆模型逆向设计实训考核表

班级		姓名		扣分记录	得分
项目	考核要求	分值	评分细则		
数据处理	完成点云数据处理	30 分	不能完成点云数据处理，扣 30 分		
软件操作	能正确利用软件构建形状	50 分	(1) 不能正确完成操纵杆实体，扣 20 分； (2) 不能正确完成上下连接部分实体，扣 20 分； (3) 不能正确完成细节孔等形状，扣 10 分		
实体模型分析	能完成误差等分析	20 分	(1) 不能完成点云与实体误差分析，扣 10 分； (2) 完成的实体与点云数据误差过大，扣 10 分		
总　分					

任务四　手电钻模型切片

任务目标

STL 是目前绝大多数 3D 打印机通用的标准格式，它是用三角形网格来简单表现三维 CAD 模型的。几乎所有的三维建模软件都支持导出 STL 文件。STL 文件通过 3D 打印切片软件处理后，即可输出到 3D 打印机进行打印。但是，当我们要对 STL 文件进行修改时，一般的切片或建模软件是无法修改的，而 Magics 是一款非常强大的 STL 文件处理软件，可以对 STL 文件进行编辑和修改。本任务讲述了 Magics 预处理模型的主要流程，并利用 Magics 切片软件完成了手电钻模型的切片。

知识链接

一、切片软件介绍

从 CAD 到 STL 转换时会有将近 70%的文件存在各种错误。如果对这些问题不做处理，则会影响到后面的切片处理和扫描处理等环节，所以，一般先对 STL 文件进行检测和修复，再进行切片和打印。由于 STL 模型结构简单，没有几何拓扑结构的要求，缺少几何拓扑上要求的健壮性，同时一些三维软件在三角形网格算法上存在缺陷，因此不能正确描述模型的表面。

切片处理是 3D 打印的关键环节之一。切片软件直接影响到最终模型的打印质量。目前市场上使用比较广泛且操作便捷的切片软件有 Cura、Magics、XBuilder、Makerbot 等。

二、Magics 切片软件

Magics 是一款非常好用的 STL 文件处理软件，该软件为广大用户提供了大量先进而又高度自动化的 STL 操作，可以大大缩小 3D 打印系统和关键应用之间的鸿沟。Magics 具有功能强大、易用、高效等优点，是从事 3D 打印行业必不可少的软件，常用于零件摆放、模型修复、支撑添加、切片等环节。

SLA(Stereo Lithography Appearance)光固化设备在打印零件前，有相当重要的一部分准备工作是在 Magics 中进行的，其中包括摆放零件及支撑添加等模型预处理操作。打印时零件摆放姿态、位置的不同以及支撑添加细节的差异，将决定零件打印结果的成功与否。

技能训练 手电钻模型切片设计

一、实训目的

(1) 掌握手电钻模型切片流程。
(2) 掌握切片软件的操作方法。

二、实训器材

计算机以及 Magics 软件。

三、注意事项

计算机用电安全。

四、实训操作

(一) 打开软件界面

双击 Magics 快捷图标“”，打开软件操作界面，如图 5-225 所示。

在此模块中鼠标的基本操作如下：

(1) 移动：按住鼠标中键的同时拖动鼠标。
(2) 旋转：按住鼠标右键的同时拖动鼠标。

(3) 缩放：滚动鼠标中键。

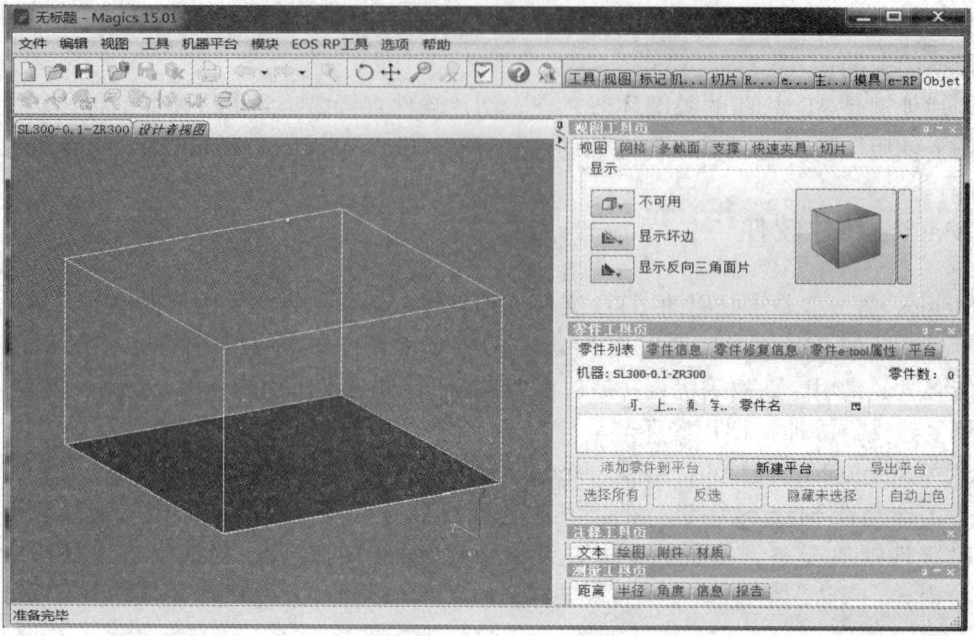

图 5-225　Magics 软件操作界面

(二) 选择工作平台

Magics 的工作平台需要设置的参数包括打印层厚、补偿设置、打印空间、支撑参数等。在初次使用时需对工作平台进行设置或数据导入，再次使用时只需选择相应的工作平台加载文件即可。

在菜单栏“机器平台”—“机器属性”中设置自己的工作平台，或者右键点击工作平台标签选择“机器属性”，如图 5-226 所示。

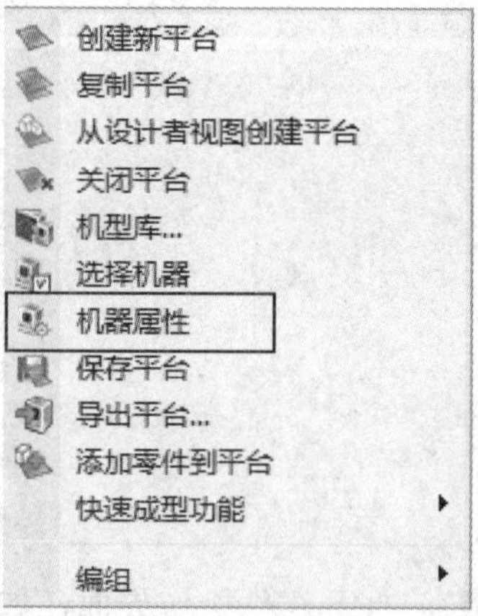

图 5-226　工作平台

选择“机器库”，打开“机器库”对话框，将已设置好的工作平台文件添加至自己的 Magics 中，如图 5-227 所示。

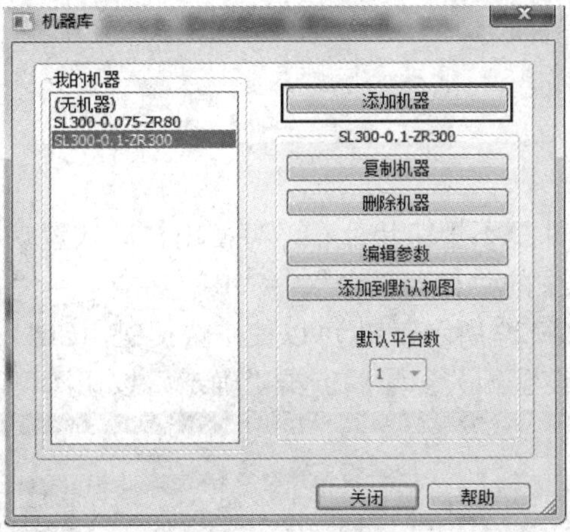

图 5-227　选择工作平台

(三) 加载零件

加载零件前，务必根据需要的打印层厚选择相应的工作平台。点击菜单栏“文件”—“导入部分”或点击工具栏中的“　”图标，或者使用快捷键“Ctrl+L”均可添加零件。在“导入零件”对话框中选取单个或多个 STL 文件，点击“打开”按钮即可加载零件，如图 5-228 所示。

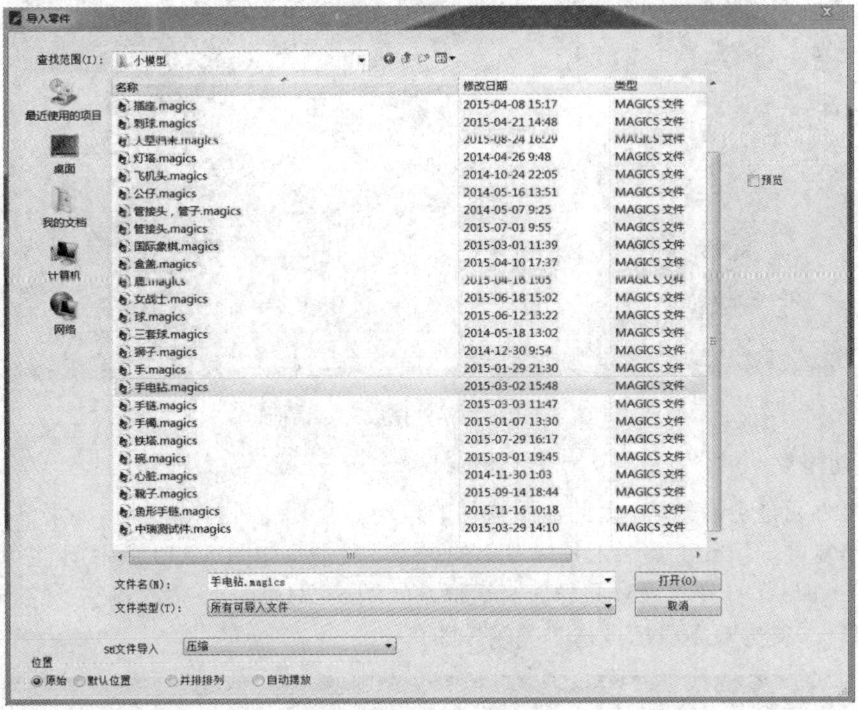

图 5-228　加载文件

注意：Magics 支持多种格式的模型文件，可在“文件类型”中进行选择。建议将非 STL 格式的文件转成 STL 格式，直接加载 STL 格式文件，可以避免图形转换过程中产生的错误，如三角面片的损坏等。

(四) 摆放和编辑零件

1. 自动放置

导入多个零件后，零件呈不规律状分布，可使用自动放置功能将零件摆放整齐，方便对零件操作。点击菜单栏中的“机器平台”—“RP 功能”—“自动放置”或点击平台标签中的“ ”图标(如图 5-229 所示)，也可以使用快捷键“Ctrl+A”，打开“零件摆放”对话框，如图 5-229 所示，设置相关参数后点击“确定”按钮即可。

图 5-228　自动放置零件

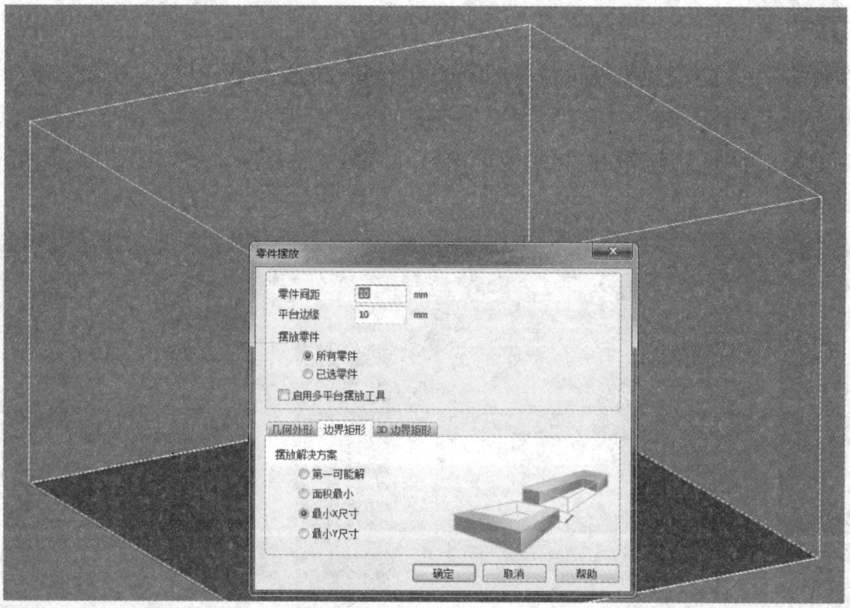

图 5-229　“零件摆放”对话框

2. 自动修复

STL 文件可能会有缺陷，因此需用软件的自动修复功能进行修复。点击菜单栏中的“工具”—“修复向导”或工具栏工具标签中的“ ”图标(如图 5-230 所示)，也可以使用快捷键“Ctrl + F”。打开“修复向导”对话框，如图 5-231 所示，依次点选“综合修复”—“自动修复”，待修复完成后点击“关闭”即可。

图 5-230　自动修复

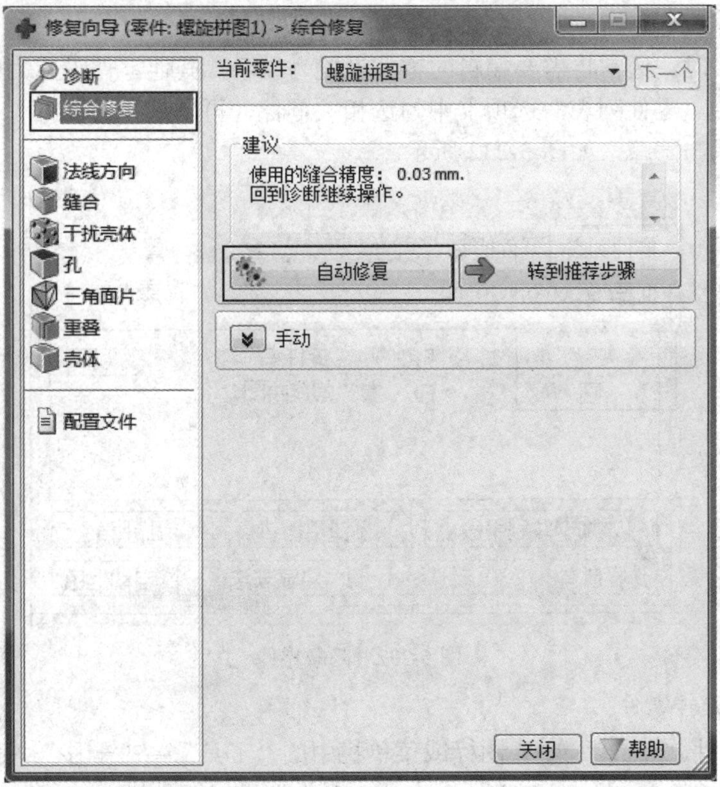

图 5-231　“修复向导”对话框

3. 编辑零件

自动放置的零件，其摆放位置并不一定合理，也不一定是我们想要的打印状态。因此，编辑零件就是根据需求，有选择地处理、摆放模型，为下一步生成支撑奠定基础。下面对编辑零件过程中常用的工具、操作进行简要介绍。

1) 放大和缩小零件

视图工具栏可以实现零件的放大、缩小等。视图工具的功能如表 5-4 所示。

表 5-4　视图工具的功能

图　标	功　　能
	用于零件指定部分的放大。在需要缩放的地方点击鼠标左键并拖曳一个窗口，此部分将被放大显示
	自动放大 20%
	自动缩小 25%
	用于在屏幕中显示全部的零件
	用于恢复到前一步的缩放状态
	用于零件和平台的全部显示

2) 隐藏零件

当零件较多时，通常将需要编辑的零件设置为显示，其他零件设置为隐藏。可在“零件工具页”中的“零件列表”选项卡中勾选相关零件，再勾选“可见的”下的“ ”眼镜图标实现显示与隐藏，如图 5-232 所示。

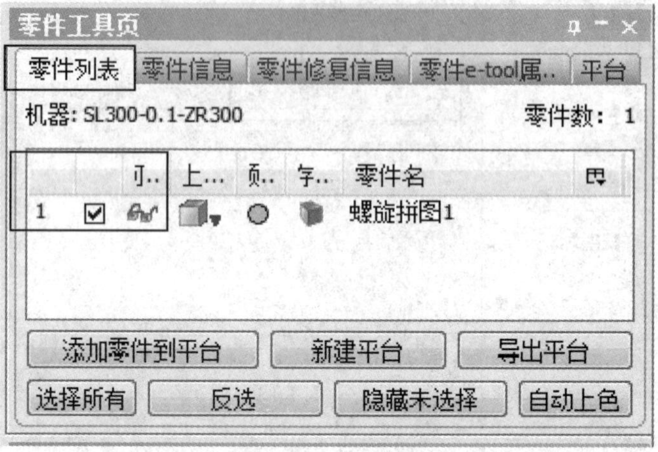

图 5-232　隐藏零件

3) 平移和旋转零件

(1) 平移零件。点击“ ”图标或菜单栏中的“工具”—“平移”，打开“零件平移”对话框，如图 5-233 所示。在该对话框中可以对零件进行三种模式的移动。

① 相对模式：按照相对坐标进行移动。

② 绝对模式：按照绝对坐标进行移动(X、Y、Z)。

③ 默认位置：在设备库中，零件的默认位置可以被设定。

点击“移动到默认位置”按钮，当零件在默认位置时，点击“确定”按钮。

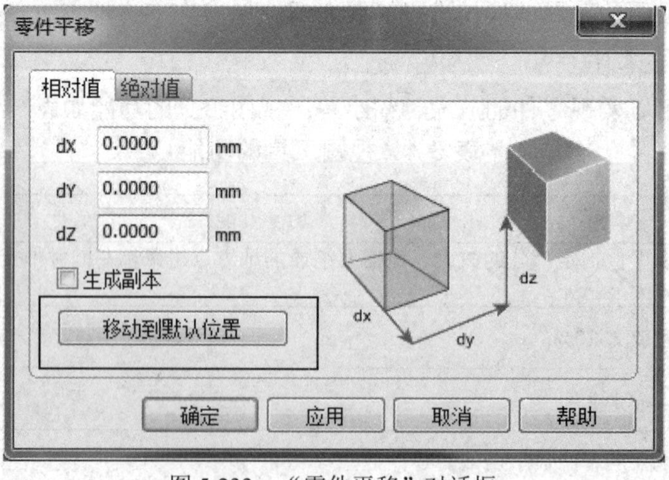

图 5-233　“零件平移”对话框

(2) 旋转零件。点击“ ”图标或菜单栏中的“工具”—“旋转”，打开“旋转零件”对话框，如图 5-234 所示。在该对话框中输入数值，可实现零件绕 X、Y、Z 三个方向的旋转。

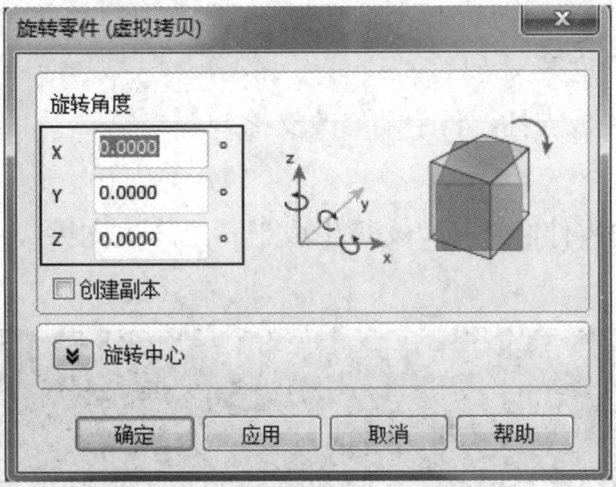

图 5-234　“旋转零件”对话框

图 5-235 为模型旋转后的效果图。

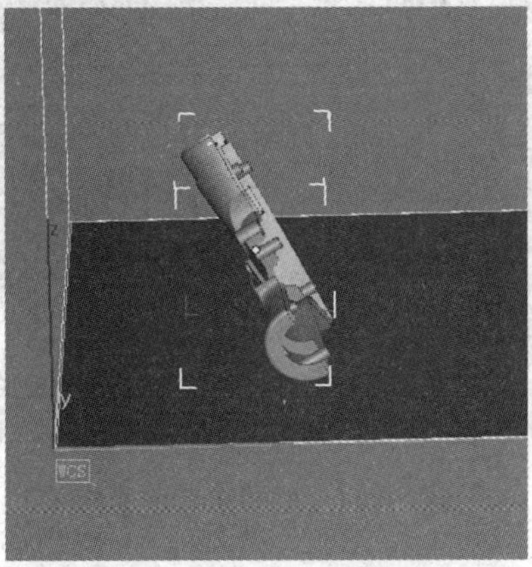

图 5-235　模型旋转后的效果图

通过“底/顶平面”对话框确定选择底平面还是顶平面。再点击图 5-236 所示对话框中的“指定平面”按钮，选择零件的任何一个平面，点击“确定”按钮，完成操作。一般我们选择“底平面”确定零件底平面，此平面即为生成的支撑面。确定零件底平面后，零件的位置一般会发生变化，需调整零件 Z 方向的高度，这一高度与零件支撑的最小高度一致。对一般光固化设备而言，Z 方向的高度为 5 mm。

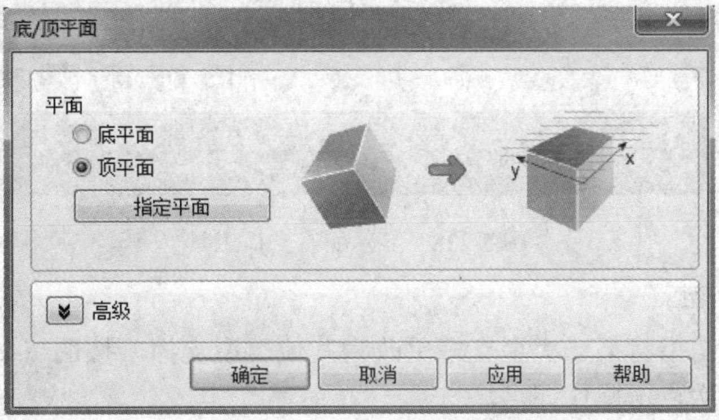

图 5-236　“底/顶平面”对话框

(五) 生成并修改支撑

利用 Magics 自动生成支撑，再手动修改支撑。

1. 自动生成支撑

选中要添加支撑的零件，选择“支撑生成”—“产生支撑”，生成的支撑如图 5-237 所示。

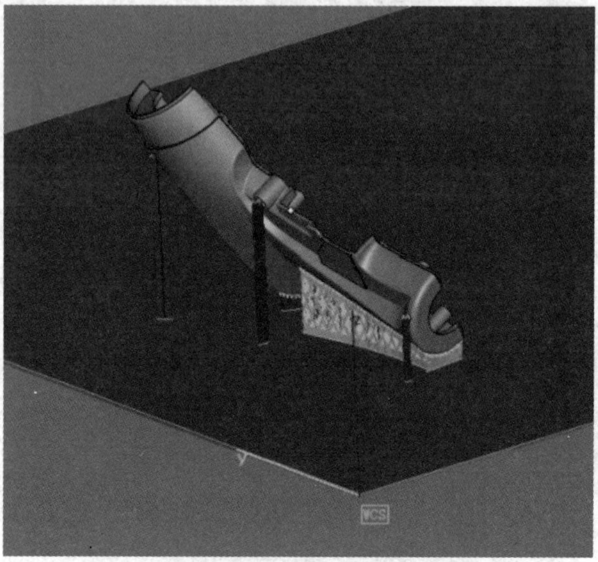

图 5-237　自动生成的支撑

2. 编辑支撑

1) 显示所有支撑工具

软件自动生成的支撑通常需要进行修改。自动生成支撑后，支撑并没有全部显示，而需点击“”显示所有支撑工具，如图 5-238 所示。

图 5-238　显示所有支撑工具

2) 修改支撑类型

修改支撑类型是指将某一类型支撑更改为其他类型支撑。按图 5-239(a)中黑色线框内支撑类型的顺序依次点击操作即可。

支撑类型分为线状、点、网状、轮廓、肋状、综合等，如表 5-5 所示。

表 5-5　支撑类型

支撑类型	快捷键	对应支撑的表现形式
无	N	删除激活(选中)的支撑
线状	L	 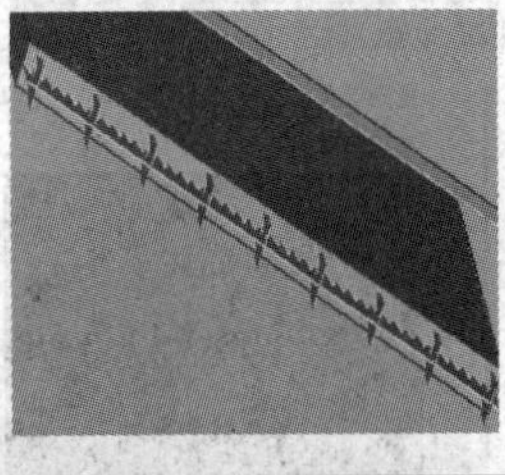
点	P	 
网状	W	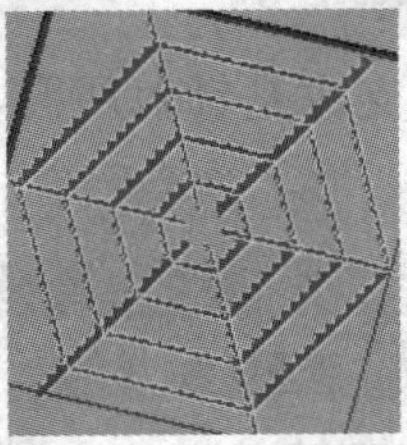
轮廓	C	 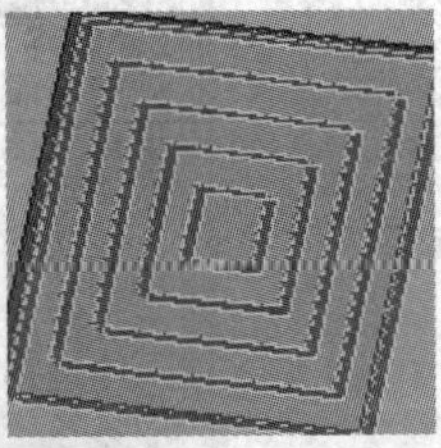 
肋状	G	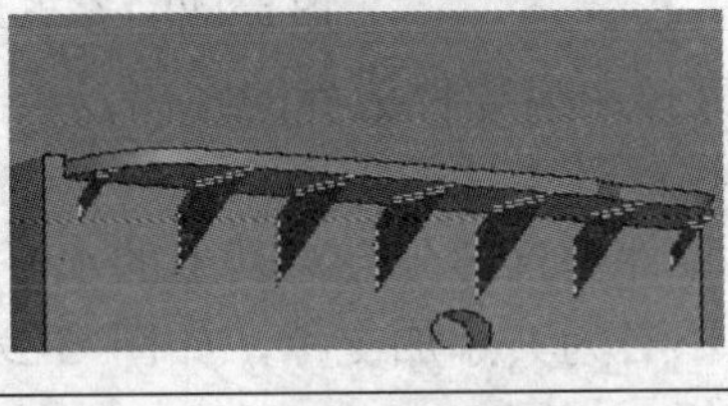
综合	无	根据支撑面的特点，生成以上一种或几种合适的支撑

支撑的修改过程是最复杂也是最重要的，可以通过点击图 5-239(a)中的“2D 编辑”按钮，在弹出的“支撑二维编辑窗口”对话框中观察每一个支撑，如图 5-239(b)所示，从中选择最合理的一个支撑。

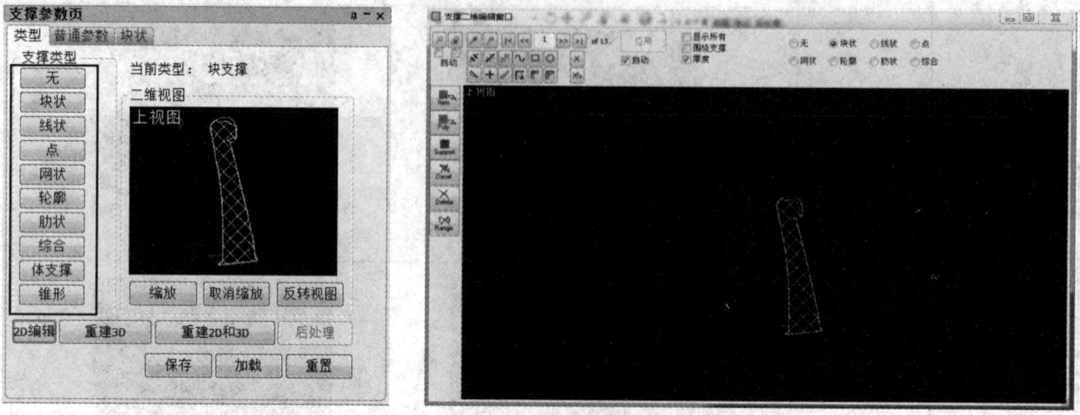

(a) 支撑参数页　　(b) 支撑二维编辑窗口

图 5-239　编辑支撑

支撑参数有以下几种：

(1) 常规支撑。常规支撑是针对所有类型的支撑，可以根据自己的需求对支撑参数进行修改，如图 5-240 所示。

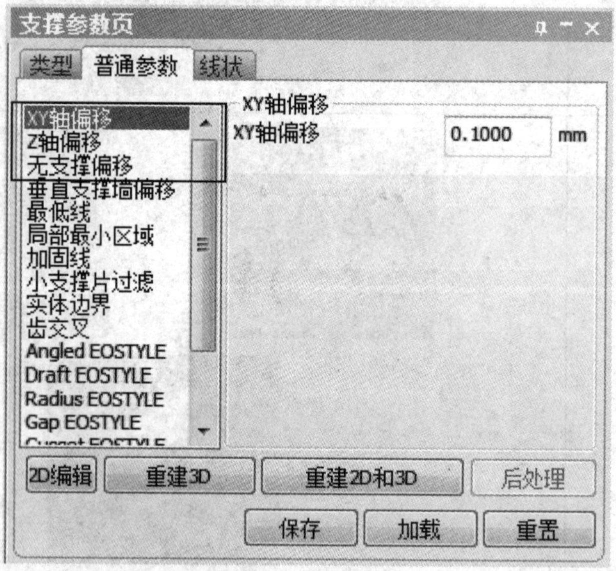

图 5-240　常规支撑参数

XY 轴偏移：支撑距离零件边界的距离。

Z 轴偏移：支撑嵌入零件的距离。

无支撑偏移：零件垂直部分会对其上的水平部分提供支撑，因此，如果水平部分延伸距离不大，则可以不必为其添加支撑，如图 5-241(a)所示。如果水平部分延伸距离较大，则必须为其添加支撑，如图 5-241(b)所示。

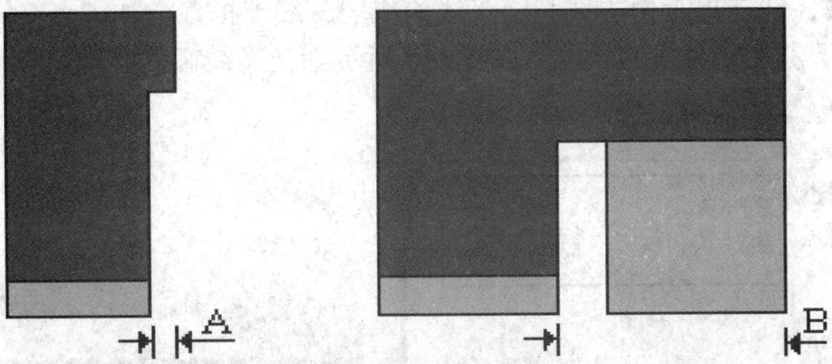

(a) 水平部分延伸距离不大　　(b) 水平部分延伸距离较大

图 5-241　支撑示意图

(2) 块支撑。块支撑用于支撑较大表面，是由 X 方向和 Y 方向的交错网格构成的，图 5-242 中方框内的参数用于定义网格尺寸，分别设置 X 轴填充和 Y 轴填充。块支撑效果如图 5-243 所示。

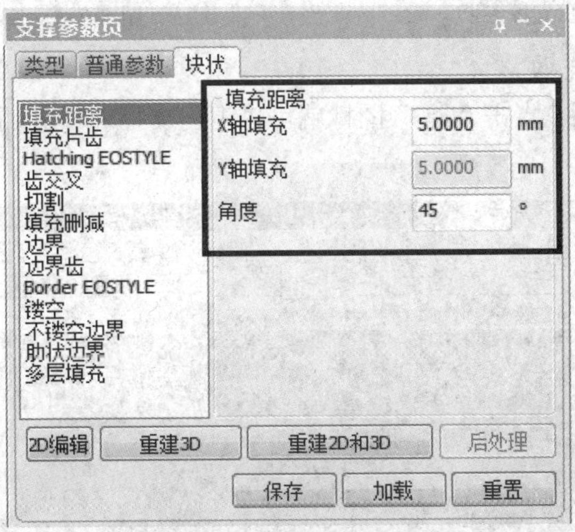

图 5-242　块支撑参数

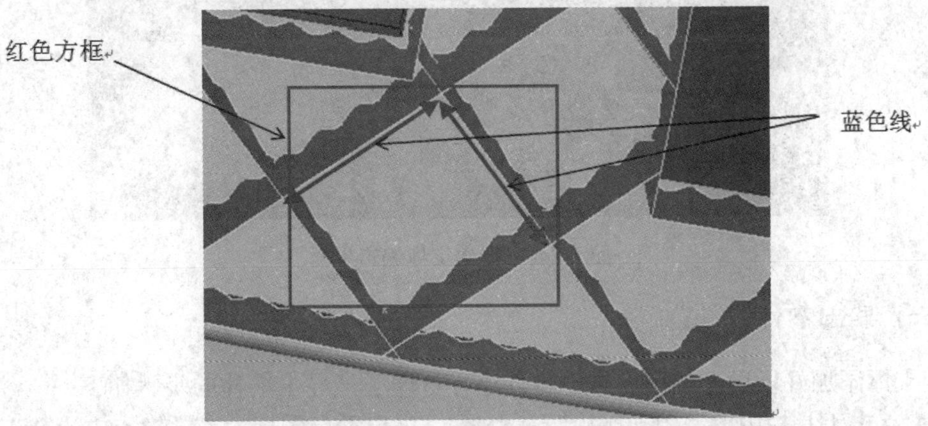

图 5-243　块支撑效果

(3) 线支撑。线支撑是由主线和交叉线构成的。线支撑参数如图 5-244 所示，黑色方框中的参数用于定义交叉线的长度。图 5-245 所示为交叉线齿的参数。

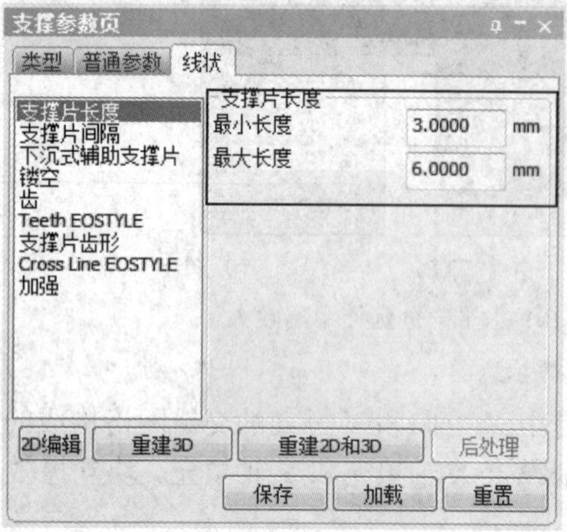

图 5-244　线支撑参数

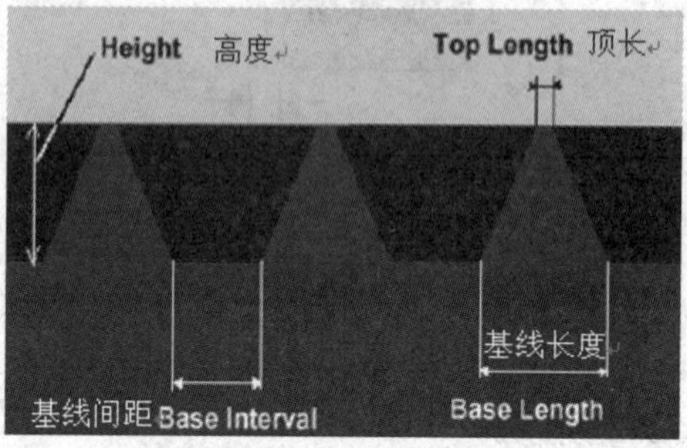

图 5-245　交叉线齿的参数

3) 退出支撑编辑界面

零件添加好支撑后，点击“ ”图标就可以退出支撑编辑界面，返回 Magics 主界面，如图 5-246 所示。

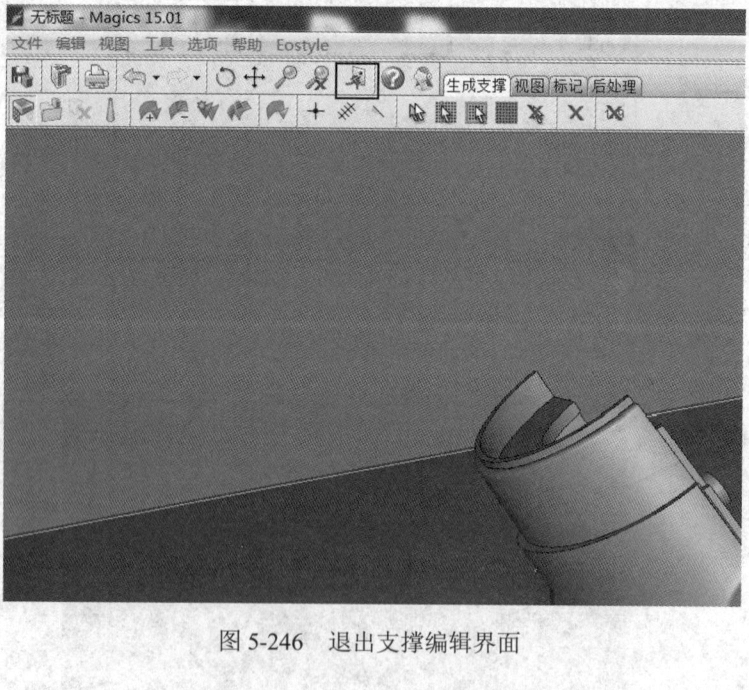

图 5-246　退出支撑编辑界面

(六) 导出零件

当支撑添加好以后，就可以导出零件进行打印了。导出零件的步骤如下：

(1) 点击工具栏中的“RM 切片”—“ ”出口平台图标，或右键点击当前工作平台标签选择“出口平台”。

(2) 弹出如图 5-247 所示的“零件另存为”对话框，设置保存路径，点击“保存”按钮，即可完成零件的导出。

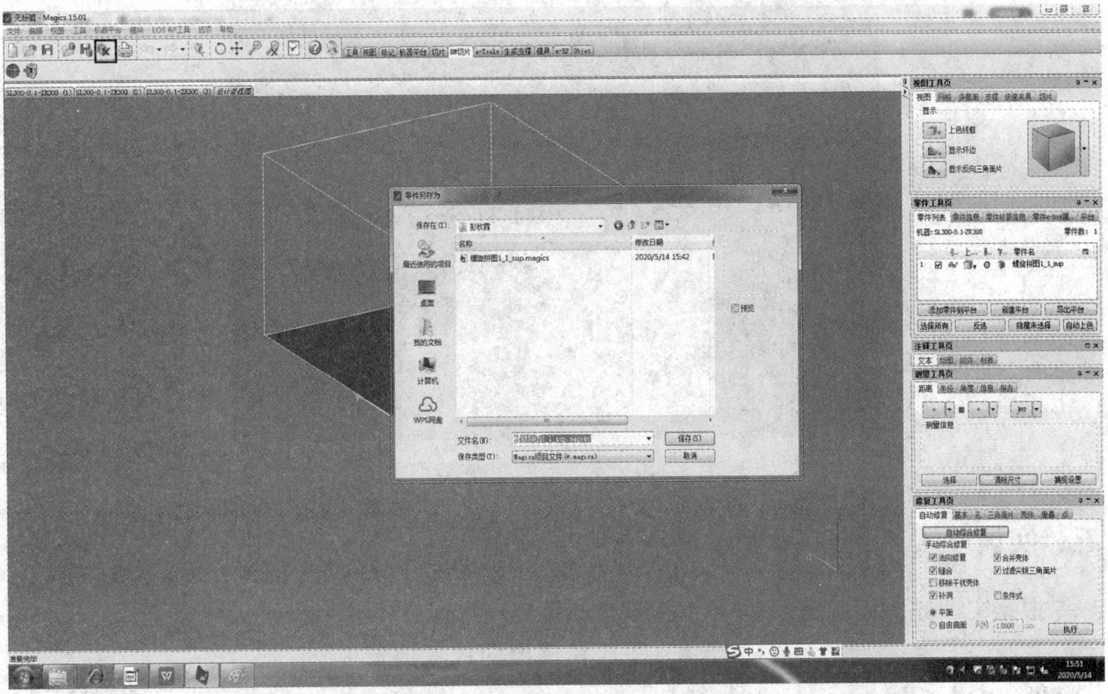

图 5-247　保存路径

注意：导出的文件夹中扩展名为“.magics”的是项目文件，扩展名为“.slc”的是切片文件，如图 5-248 所示。使用光固化设备打印时，将所有的扩展名为“.slc”的文件导入到设备中。如文件 bottom_1.slc 和文件 s_bottom_1.slc 对应的是同一个零件，分别代表零件及其支撑。完成后的零件效果图如图 5-249 所示。

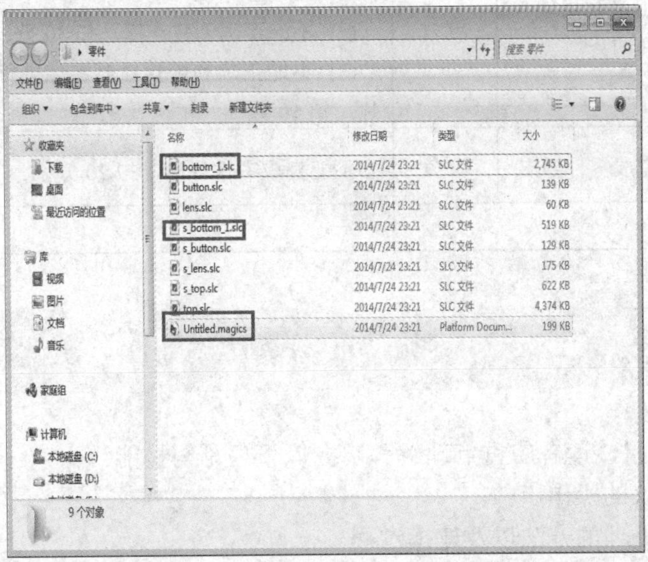

图 5-248　保存文件

图 5-249　完成后的零件效果图

五、实训考核

根据实训完成情况进行考核，考核表如表 5-5 所示。

表 5-5　手电钻模型切片考核表

班级		姓名		扣分记录	得分
项目	考核要求	分值	评分细则		
零件导入	能完成零件摆放等操作	30 分	不能完成零件摆放等操作，扣 30 分		
软件操作	能正确利用软件对零件切片	50 分	(1) 不能正确利用软件合理放置零件，扣 10 分； (2) 不能正确创建支撑，扣 30 分； (3) 不能正确利用软件对零件进行切片，扣 10 分		
实体模型导出打印	能完成零件导出	20 分	不能完成零件导出，扣 20 分		
总　分					

项 目 小 结

通过本实训项目，读者应重点理解和掌握以下理论与技能：

(1) 掌握扫描仪的操作步骤。

(2) 掌握数据处理的方法以及建模过程。

(3) 能合理利用软件添加支撑，完成零件打印。

思考与练习

1. Magics 切片软件被诊断出法向错误的三角面片显示为红色，应该怎么修改？
2. Magics 切片软件中的哪种放置方式比较节约支撑？

参考文献

[1] 侯高雁. 3D 打印成型件后处理工艺综述[J]. 信息记录材料，2017，07：19-21.
[2] 倪菲. 熔融沉积成型用聚乙烯醇水溶性支撑材料制备及其性能研究[D]. 济南：山东大学，2018.
[3] 孟陈力. FDM 成型性能的影响因素分析及试验研究[D]. 哈尔滨：哈尔滨理工大学，2017.
[4] 史玉升. 3D 打印技术概论[M]. 武汉：湖北科学技术出版社，2016.
[5] 朱红. 3D 打印材料[M]. 武汉：华中科技大学出版社，2017.
[6] 王广春. 快速成型与快速模具制造技术及其应用[M]. 北京：机械工业出版社，2018.
[7] 曹明元. 3D 设计与打印实训教程[M]. 北京：机械工业出版社，2017.
[8] 褚红燕. 3D 打印实训教程[M]. 南京：南京师范大学出版社, 2019.
[9] 宋凤莲. 3D 打印技术实训教程[M]. 武汉：武汉大学出版社，2019.
[10] 涂承刚. 3D 打印技术实训教程[M]. 北京：机械工业出版社，2019.
[11] CAD/CAM/CAE 技术联盟. SolidWorks 2016 中文版机械设计从入门到精通[M]. 北京：清华大学出版社，2017.
[12] 陈佰江. UG 8.5 实战项目化教程[M]. 西安：西安电子科技大学出版社，2017.